ブロックで学ぶ
素粒子の世界

原子よりも小さな粒子の物理学をレゴ®で説明する

ベン・スティル

藤田貢崇 [訳]

PARTICLE PHYSICS BRICK BY BRICK
ATOMIC AND SUBATOMIC PHYSICS EXPLAINED... IN LEGO®

白揚社

父と母へ。子供の頃のぼくを導いてくれて、ありがとう！

First published in Great Britain in 2017 by
Cassell, a division of Octopus Publishing Group Ltd
Carmelite House
50 Victoria Embankment
London EC4Y 0DZ

Japanese translation rights arranged with
OCTOPUS PUBLISHING GROUP
throught Japan UNI Agency, Inc., Tokyo

図版クレジット

123RF Amy Harris (94〜95頁背景) ; Andrey Kryuchkov (16頁左) ; hxdbzxy (16頁右) ; Kari Haraldsdatter Høglund (142頁) ;
nasaimages (54〜55頁, 164頁) ; Olga Popova (19頁) ; Pavel Isupov (126〜127頁背景) ; Peter Jurik (60〜61頁背景) ;
petkov (84〜85頁背景) ; romansli (62〜63頁) ; sebikus (59頁) ; ssilver (108〜109頁) ; Vadim Sadovski (146〜147頁背景) ;
vampy1 (94頁) .
Alamy Stock Photo Randsc (145頁) ; R Jay GaBany/Stocktrek Images, Inc.
Dreamstime.com Graphics.vp (7頁, 44〜45頁背景) .
Getty Images Bettmann (89頁) ; Graham Stuart/Stringer (138頁) ; Jamie Yan/EyeEm (171頁) ; Pascal Boegli (67頁) ; zmeel (79頁) .
istockphoto.com kevron2001 (10〜11頁背景, 38〜39頁, 124〜125頁背景) .
Library of Congress (32頁, 86頁) .
NASA ESA, and the Hubble Heritage Team (STScl/AURA) (51頁) ;
JPL-Caltech/University of Wisconsin (4頁, 14〜15頁背景, 24〜25頁背景 33頁背景) .
Science Photo Library CERN (114〜115頁, 157頁) .
Shutterstock Andrey VP (22〜23頁背景, 98-99頁背景) ; Aperture75 (169頁) ; arleksey (30〜31頁背景) ;
Dmitriy Rybin (113頁背景, 116〜117頁背景) ; GiroScience (26〜27頁背景, 56-57頁) .

ブロックで学ぶ 素粒子の世界

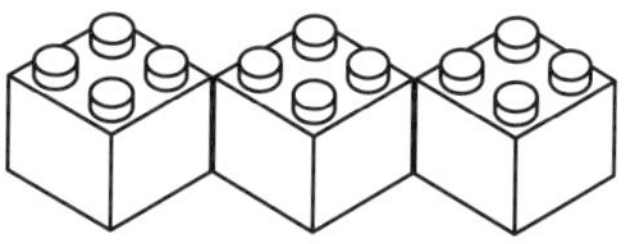

原子よりも小さな粒子の物理学をレゴ®で説明する

ベン・スティル

藤田貢崇 [訳]

目 次

◉〔 〕で示した箇所は訳者による補足です

科学モデル

「科学とは何ですか？」そう聞かれたとき、私は大きく息を吸い込む。それにはいろんな答えが考えられる。歴史的なこと、哲学的なこと、実用的なことなど。しかし、私は代わりにこう答える。「科学とは、根本的に言うと、可能な限り正確な自然界のアナロジーを探し求めること」。科学者はこのアナロジーを言葉によってではなく、数学という言語で組み立てる。科学者が生み出すアナロジーの目指すところは、宇宙がどのようにはたらき、宇宙にあるあらゆるものがどこから生じたのかを表わす真の数学的なモデルとなることだ。しかし、詩人の言葉と同じで、科学者が使う言語も自然界の真の美しさを完璧に捉えることはできない。

ところが、詩人と科学者とでは仕事を発展させるときに違いがある。詩を書きなおす場合、それは人々の相反する意見にさらされることになるが、自然界の科学モデルを書き換える場合はそうではない。科学は、実験から得られた強固で再現可能な証拠にのみ応じるのだ。もし新しい科学モデルが、次々に出される実験結果によって否定され続けるのであれば、そのモデルは棄却される。科学が前進するためには、自然界に対する新しいモデルや修正版のモデルが必要になる。科学はこうして進化し、自然界を表わす数学モデルの正確さはたえまなく向上してきた。

実験から得られるデータによって、科学者たちは現時点の自分たちの数学モデルの欠点に気づかされてばかりだ。自然界に対する科学的な理解は不完全だが、科学者はそれを計測の誤差として受け入れ、定量化する。歴史が繰り返し示しているのは、この誤差を細かく理解していくと、いつもそこから新しい科学が生まれるということだ。

複雑な概念を説明するとき、私たちは知らず知らずのうちにアナロジーとモデルを使っている。日常の経験からかけ離れた科学について語ろうとする場合は特にそうだ。プラスチックのブロックは当然、粒子ではない。ブロックは何兆個もの粒子からできているのだ。しかし、原子よりも小さな世界を理解する上で、ブロックは楽しくて魅力的なアナロジーになるのではないだろうか。プラスチックのブロックによるアナロジーは（文字どおり）自然を完璧に記述するものではないけれども、最も小さなスケールにおける宇宙の完璧な姿へと私たちを導いてくれる。

素粒子物理学の標準モデル

極微の世界を説明する理論のうち、「標準モデル」と呼ばれるものは、現時点で最良のモデルであり、主に1960年代から70年代にかけてつくられていった。それから現在までに、わずかな修正が行なわれただけで、標準モデルを検証したすべての実験で、このモデルが正しいことが示されてきた。それでもなお、標準モデルは自然界の完璧なモデルではないことが明らかになっている。銀河の大きさや形状、分布を定義する暗黒物質について、標準モデルからは検証に耐えられる理論を出せていない（164ページ）。また、私たちの宇宙の膨張を加速させている奇妙な暗黒エネルギーについても、標準モデルは説明できていない。さらに素粒子物理学者にとって大変いらだたしいのは、すべての粒子がその始まりの瞬間どこから生じたのかを、標準モデルからは知り得ないということだ（第8章）。

標準モデルが記述するのは粒子の特性とそれらの間の相互作用だ。そして、ここに登場するのは、私たちが理解する限りでは最も基本的な粒子だ。それらは、より小さなものに分けることはできないため、私たちの宇宙を構成する真に基本的なブロックである。標準モデルからは、粒子が何からできているのか、また粒子の大きさがどれくらいかを知ることはできず、私たちの宇宙を形づくっている力の強さも予測できない。標準モデルは実験データに見合うように組み立てられた数学的モデルだが、すばらしい成功を収めている。

標準モデルで考えられる粒子の実態は、固体の粒子としては説明できない。むしろ、時間と空間に無限に広がった場と呼ばれるものとして説明される。ある一つの粒子は、空間と時間のどの点でも他の粒子と影響し合う可能性があるのだ。しかし、粒子が相互作用すると、粒子のふるまいが決まり、すべての可能性が空間と時間のある一点に結晶化する。この「ある一点」というのは、粒子を固体の小さな球とする考えにはぴったりだ。本書では数学を用いずに、相互作用するときの点のような粒子をブロックを使って表わす。ただし、ブロックでは場としての粒子の側面を説明するのが難しい場面もある。

フェルミ粒子
（フェルミオン）

クォーク

アップ　　　　　チャーム

u

c

d

s

ダウン　　　　　ストレンジ

レプトン

電子　　　　　ミュー粒子

電子ニュートリノ　　ミューニュートリノ

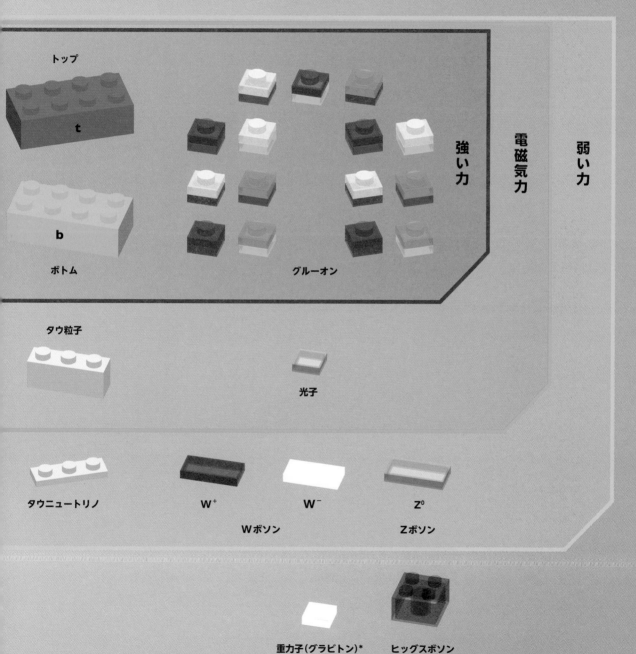

ボース粒子
（ボソン）

トップ

t

強い力

電磁気力

弱い力

ボトム

グルーオン

タウ粒子

光子

タウニュートリノ

W^+

W^-

Z^0

Wボソン

Zボソン

重力子（グラビトン）*

ヒッグスボソン

*重力子は実験的に観測されておらず、
　仮説にとどまる。

素粒子物理学の歴史

電磁気学

量子物理学

予測

1930年
ヴォルフガング・パウリ
ニュートリノはベータ崩壊の
説明に必要である
123ページ

1803年
ジョン・ドルトン
物質は異なる質量の
原子でできている
14ページ

1905年
アルバート・アインシュタイン
光は光子でできている

1928年
ポール・ディラック
ディラック方程式は、反電子
とその他の反粒子を予測する
88ページ

1935年
湯川秀樹
中間子は原子核内で
強い力を伝える
92ページ

1897年
J.J.トムソン
電子を発見(初めて原子より
小さい粒子を発見)

1911年
アーネスト・マースデン、
ハンス・ガイガー、
アーネスト・ラザフォード
原子核の発見
86ページ

1935年
カール・D・アンダーソン
宇宙線中の
ミュー粒子の発見
89ページ

発見

1899年
アーネスト・ラザフォード
アルファ線とベータ線の発見
86ページ

1919年
アーネスト・ラザフォード
陽子の発見

1932年
ジェームズ・チャドウィック
中性子の発見

1947年
セシル・パウエル、
セザーレ・ラッテス、
ジュセッペ・
オキャリーニ
パイ中間子(湯川
の中間子)の発見
93ページ

放射能

宇宙線

標準モデル　　　　　　　　　標準モデルからの発展

1964年
マレー・ゲルマン、
ジョージ・ツヴァイク
クォークを予測

1967〜71年
スティーヴン・
ワインバーグ、
シェルドン・グラショウ、
アブドゥス・サラム
電弱相互作用と
Wボソン、Zボソンを予測
132ページ

1980年代および90年代
多くの科学者
弦理論の発展
168ページ

1964年
ピーター・ヒッグス
ヒッグスボソンを予測
138ページ

1977年
ピエール・ファイエ
最小超対称標準モデル
を提唱
166ページ

1955年
オーウェン・チェンバレン、
エミリオ・セグレ、
クライド・ウィーガンド、
トーマス・イプシランティス
反陽子の発見
98ページ

1995年
DØ実験とCDF実験
トップクォークの発見
125ページ

1964年
ヴァル・フィッチ、
ジェイムズ・クローニン
K中間子の
チャージ–パリティ対称性の
破れを発見
156ページ

1974年
バートン・リヒター、
サミュエル・ティン
J/ψ粒子の発見
(最初のチャームクォークの発見)
106ページ

1998年
スーパー・カミオカンデ
ニュートリノ振動の観測
146ページ

2012年
ATLAS実験と
CMS実験
ヒッグスボソンの
発見
138ページ

加速器の時代

この本について

本書のはじめの方では、まずは各種部品の説明をする（このパートは取扱説明書のようなものだ）。部品とは、私たちの宇宙をつくり上げる最も基本的なブロックのことだ。また、本書を読む上で後々必要になってくる重要な概念についても触れる。そこには新しい言葉や大事な専門用語をたくさん盛り込んだため、読み進みながら必要に応じて見返してほしい。

各種部品を思い出す際には、本書カバーの内側に描かれている図と巻末の用語集を早見表として活用してもらいたい。

それ以降のセクションでは本筋に集中する。まずはスタートを切るのにふさわしい、時間そのものの始まり、つまりビッグバンだ。そしてそこから約140億年におよぶ、クォークや電子から化学元素までの、私たちの周りにあるふつうの物質の誕生について図解していく。ここに関わるのはわずかな種類の粒子で、アップクォーク、ダウンクォーク、電子、電子ニュートリノ、反電子、そして反電子ニュートリノという、質量の小さい第1世代の素粒子だ。さらにこのパートでは、誕生から超新星爆発まで恒星の一生を通じて、初期につくられた種々の原子についても説明する。

フェルミ粒子

クォーク	u アップ	c チャーム	t トップ
	d ダウン	s ストレンジ	b ボトム

強い力

レプトン	電子	ミュー粒子	タウ粒子

電磁気力

電子ニュートリノ	ミューニュートリノ	タウニュートリノ

弱い力

ヒッグスボソン H

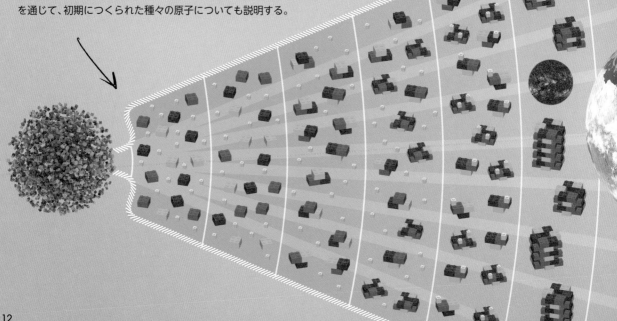

　2番目のパートでは、自然界の力を詳しく説明するとともに、素
粒子物理学に関する理解を深めてきた人類の歴史を図示していく。
ここでは、ビッグバン以降に私たちが経験したことのないような状
況にどんどんと近づいていく実験をとおして、過去へとさかのぼっ
ていく。この分野の知見を広げるために、何千人もの人々が人生を
捧げた。そのすべての人の貢献に触れたいのはやまやまだが、紙幅
の都合上、本書では主要な人物にしか光を当てられなかった。本書
を通じて力についてより詳しく学んで、粒子を構築するためのさま
ざまな法則を知り、ブロック遊びのようにあなた自身で物理学者も
予測しないような粒子を作ってみてはどうだろうか。

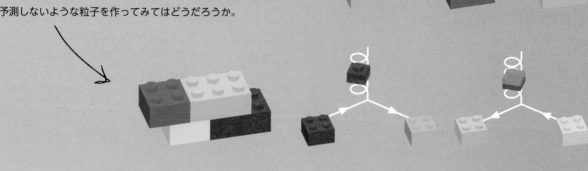

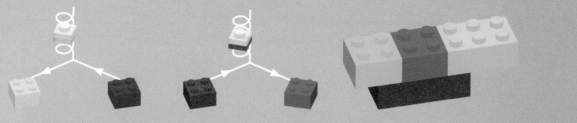

　最後のパートでは、素粒子物理学の未来について考える。具体
的には、私たちの知識にある欠落と、それを埋めることが期待さ
れるいくつかの理論を検討する。素粒子を組み合わせるルールに
加え、新しい粒子が次々に考え出されている。それらは理論上に
しか存在しないかもしれないが、私たちのブロックの宇宙では存
在できる。

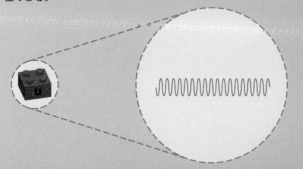

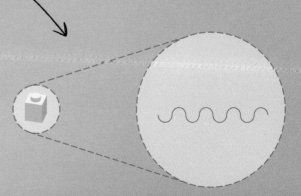

私たちの周りにあるすべての物は原子からできている。
同じ性質をもつ原子をひとまとめにして化学元素（元素）と呼ぶ

原子

ギリシャの哲学者デモクリトス（紀元前460年～前370年）は、すべての物をどんどん細かく分けていくと、最後にはそれ以上分割することのできない粒子になると考えた。そして、物体をつくっている、この最も小さな単位を古代ギリシャ語で分割できないという意味の「アトモス」にちなんで、「アトム（原子）」と名づけた。デモクリトスの考えたこの原子論は、化学が錬金術の影から抜け出て、科学の主流と合流する18世紀まで存続した。その頃、積み上がりつつあった証拠が示していたのは、混じりけのない元素同士が反応すると、全体の質量比は変わらずに新しい化合物ができるということで、たとえば、酸素と水素が8：1の比率で反応すると水ができる（ここでの比率は原子全体の質量であって、原子の個数ではないことに注意）。

イギリス人のジョン・ドルトンは、これが物質は原子という小さいものからできていること、また、各元素はそれぞれ異なる種類の原子が集合したものである証拠だと考えた。ドルトンの新しい原子論は成功を収めたが、それも18世紀末に奇妙な放射が確認されるまでのことだった。その放射によって、原子は「名は体を表わす」ものではないことがわかった。原子はさらに小さなパーツに分割できたのだ。

第1章では、あらゆる原子を構成する粒子にまで原子内部を探索していく。

酸素 ＋ 2水素 ＝ 水

周期表

　19世紀の終わり頃までに、80種類以上の元素が発見され、その各元素がそれぞれ固有の原子の集合であることがわかった。それぞれの元素の性質には、音楽の音階を上がっていくときのような周期的に変化するパターンが見られる。このパターンを利用して、ドミトリー・メンデレーエフは周期表を作り、そこに各種の元素を配置した。周期表で同じグループにまとめられている元素は挙動がそっくりで、そのことから同じグループの元素は共通の構造をもっていると想像できる。原子がギリシャ語の「アトモス」の意味するとおりに分割が不可能なものなら、もっと小さなものなど、どうすれば存在できるのだろう。しかし、最も軽い原子の水素よりも軽いものが発見されるまで、そう時間はかからなかった。この予想外の新しい「粒子」は、電気的な現象を起こしている大本であるように思われた。これが、原子から放たれる新しい放射の発見である。しかしこの発見によって、原子をめぐる話はさらに混乱し、科学は完成にほど遠いことがすぐに明らかになったのだ。

周期表の1行目の水素（H）とヘリウム（He）は初期宇宙で大量に見出された（42～43ページ）。一方で、鉄（Fe）までのすべての元素は恒星でつくられ（58～59ページ）、他の元素は恒星の爆発的な最期で形成される（60～61ページ）。

アルカリ金属

非金属

希ガス

H

遷移金属

He

Fe

**ランタノイド
およびアクチノイド**

**貴金属
（ポスト遷移金属）**

ハロゲン

**アルカリ土類
金属**

自然界に存在するさまざまな原子は、たった3種類の、原子より小さな物からできている

原子の内部へ

ジョン・ドルトンの研究は、私たちを取り巻く世界が古代ギリシャで考えられていたように、1種類の原子からできているのではないことを明らかにした。ところがその後すぐ、ドルトンの考えた原子もまた、他のものがいくつか集まってできていることが、電気や放射性元素の研究によって示された。原子がさらに小さな構成要素から成り立っていることを受け入れれば、現代の周期表に表わされたパターンをうまく理解することができる。たとえば、原子の質量は構成要素である小さな粒子のいくつかに由来するし、原子の反応性は別の粒子に由来するのだ。

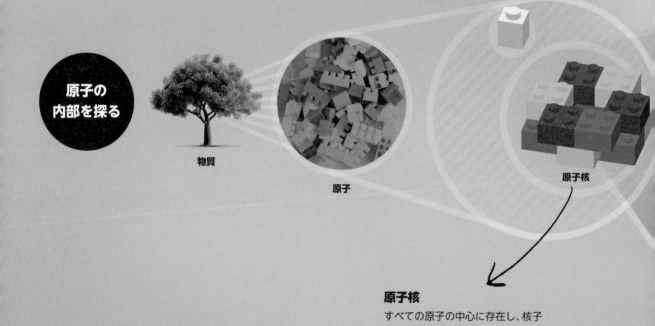

原子の
内部を探る

物質

原子

原子核

原子核

すべての原子の中心に存在し、核子（陽子と中性子）で構成されている。核子は放射線の源にもなり、ある種の元素は放射能をもつ。

名前の由来

陽子（プロトン）は「最初の」という意味のギリシャ語から名づけられた。中性子（ニュートロン）は電気的に中性（ニュートラル）であることから、そう呼ばれる。電子（エレクトロン）は、電気（エレクトリシティ）の原子という意味で名づけられた。

電子

中心部の原子核を取り囲んで、雲のように存在している粒子。電子は、原子の化学反応に関わって、その特性を決めてしまう。周期表（15ページ）の左側の元素は電子を他の元素に渡すため化学反応を起こしやすい。しかし、周期表の右端の希ガス元素は安定していて他の元素と反応しにくい。希ガス元素の一つ左に位置するハロゲンは、他の元素の電子を受け入れることができるため、化学反応を起こしやすい。このような元素周期表に見られる化学反応の周期性は、原子内の電子の数によって決まる。

電子

核子

原子内部の探索はまだ続く。核子はクォークと呼ばれる、さらに小さい基本的な構成要素からできている。陽子と中性子は、アップクォークとダウンクォークが組み合わさってできている。

アップクォーク

ダウンクォーク

クォーク

中性子

陽子

核子

弦（ストリング）

極微の世界への旅は、電子とクォークが終着点のようだ。この二つは、さまざまな厳しい検証実験に耐えてきた。電子やクォークがなにか他のものからできているとは考えられず、真の基本要素と考えられている。しかし、電子やクォークも「弦（ストリング）」と呼ばれる、さらに小さなものでできているという理論もある（168〜169ページ）。

ニュートリノとレプトン

最も基本的な構成要素である素粒子には、クォークや電子のほかにニュートリノがある。ニュートリノは中性子が陽子と電子に変化（ベータ崩壊）する際に生成される。電子とニュートリノは、あわせてレプトンという分類にまとめられている。電子やニュートリノは、命名当時に知られていた陽子や中性子より質量が小さかったことから、「小さい、細い、繊細な」という意味のギリシャ語「レプトス」にちなんで名づけられた。

それぞれの素粒子には、質量の大きい分身が存在している。
この分身は、重さが異なるという点を除けば、まったく同じものだ

大質量の分身

　アップクォークとダウンクォーク（陽子と中性子を構成する
もの）、電子とそれに付随するニュートリノは素粒子のなかでも
第1世代と呼ばれるもので、質量の最も小さいグループだ。理
由はわからないが、自然界には第1世代の分身が2組存在してい

る。下の図にある第2世代と第3世代の素粒子がそれで、第3世
代がいちばん重い。これらの素粒子は非常に高いエネルギーに
よってのみ生み出される。たとえば、粒子加速器などでつくら
れるほか、この宇宙の初期にも存在していた。

	第1世代	第2世代	第3世代	
				以下の12種類の素粒子は、イタリアの偉大な物理学者エンリコ・フェルミにちなんでフェルミ粒子と呼ばれる。
クォーク	**u** 　アップ	**c** 　チャーム	**t**　トップ	**アップタイプクォーク** 電荷 ＋2/3 チャームクォークとトップクォークは、ともにアップクォークより質量が大きい。これらの3種類の素粒子は正の電荷をもつが、電荷の大きさ（絶対値）は電子の3分の2しかない。
	d 　ダウン	**s** 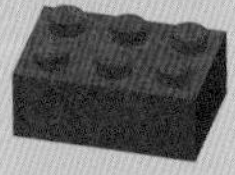　ストレンジ	**b** 　ボトム	**ダウンタイプクォーク** 電荷 －1/3 ストレンジクォークとボトムクォークは、ともにダウンクォークより質量が大きい。これらの3種類の素粒子は負の電荷をもつが、電荷の大きさは電子の3分の1しかない。
レプトン	e^-　電子	 μ^-　ミュー粒子	 τ^-　タウ粒子	**電荷をもったレプトン** 電荷 －1 ミュー粒子とタウ粒子は質量が大きいということを除いて電子と同一の性質をもっている。これら3種類の素粒子は負の電荷（伝統的にそう表現されている）をもち、電荷をもったレプトンとして知られている。
	ν_e 　電子ニュートリノ	 ν_μ　ミューニュートリノ	 ν_τ　タウニュートリノ	**ニュートリノ** 電荷 0 電荷をもった3種類のレプトンには、対応するニュートリノ（電子ニュートリノ、ミューニュートリノ、タウニュートリノ）がある。これらの質量はいまだ実験的に計測されていないが、光子のように質量がないわけではないことだけはわかっている（146〜147ページを参照）。

（左端：フェルミ粒子）

クォークやレプトンのうち、重い世代の素粒子はエキゾチックな物質〔陽子や中性子のように3個のクォークでできている粒子ではなく、4個以上のクォークからできている粒子のこと〕の構成要素となる。こうした物質は不安定だ。つまり、より重いクォークやレプトンでつくられた物質は、より軽いクォークやレプトンでつくられた物質よりも速く崩壊する。そしてついには、すべての物質が崩壊してアップクォーク、ダウンクォーク、電子、それに電子ニュートリノになってしまう。これが、宇宙の目に見える物質の99.9%が、第1世代の素粒子でできている理由だ。

物質を構成するブロック

研究は今も続いているが、三つの世代に整理されたこの12種類の素粒子が、元素のようないつも目にする物質にせよ、粒子加速器や初期宇宙でつくられたようなエキゾチックな物質にせよ、すべての物質の究極の基本単位だと考えられている。

フェルミ粒子は原子の内部でブロックのように積み重ねられ、複数のブロックが同じ空間を占めることがないという点で特別である。おかげで電子は原子の中で異なるエネルギー準位をもつことができ、この電子のふるまいによって、各元素はそれぞれに異なる化学反応特性をもっているのだ。クォークからなる陽子と中性子も異なるエネルギー準位をもっており、ほとんどそのおかげで原子核は安定している。このような形でフェルミ粒子が互いに結びつき、異なる性質やいろいろな大きさをもつ原子を形づくっているのだ。

↑エンリコ・フェルミ

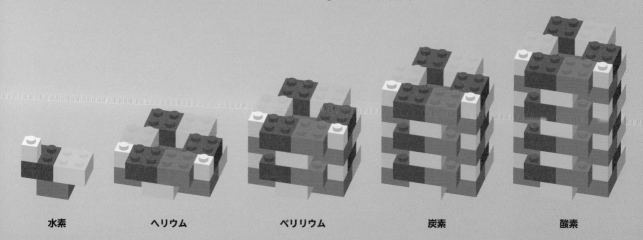

| 水素 | ヘリウム | ベリリウム | 炭素 | 酸素 |

基本粒子には12種類の反粒子が存在している。それらは物質の素粒子と鏡像関係にある

反物質って何？

12種類のフェルミ粒子には、鏡に映った像のような、性質がすべて逆になった粒子が予言され、観測されている。これらの逆の性質をもつ粒子が反物質の素粒子だ。

電子は負の電荷をもつが、その反物質バージョンは正の電荷をもった反電子（または陽電子とも言う）である。このように、粒子の電荷を反転させて反粒子にするはたらきを電荷反転という。反粒子の反応は、粒子の反応と完全に逆になる。

電子は電荷反転によって、反電子になる。

電子
e^-

反電子
e^+

タウニュートリノは電荷反転によって、反タウニュートリノになる。

タウニュートリノ
ν_τ

反タウニュートリノ
$\bar{\nu}_\tau$

ダウンクォークは電荷反転によって、反ダウンクォークになる。

ダウンクォーク
d

反ダウンクォーク
$\bar{d}$

図中の矢印と $\mathcal{C}$ は電荷反転の意味。

粒子の記号の上の横棒は反粒子であることを示している。

第1世代	第2世代	第3世代	

物質の素粒子と同じように、12種類の反物質の素粒子が存在する。それらの名前は物質素粒子の名前の前に「反」をつけて表わす。

反クォーク

$\bar{u}$	$\bar{c}$	$\bar{t}$	反アップタイプクォーク
反アップ	反チャーム	反トップ	電荷 −2/3

$\bar{d}$	$\bar{s}$	$\bar{b}$	反ダウンタイプクォーク
反ダウン	反ストレンジ	反ボトム	電荷 +1/3

反フェルミ粒子

反レプトン

e^+	μ^+	τ^+	電荷をもった反レプトン
反電子（陽電子）	反ミュー粒子	反タウ粒子	電荷 +1

$\bar{\nu}_e$	$\bar{\nu}_\mu$	$\bar{\nu}_\tau$	反ニュートリノ
反電子ニュートリノ	反ミューニュートリノ	反タウニュートリノ	電荷 0

　現在では、反物質は粒子加速器（98〜99ページ）などの高エネルギーのもとでつくられるほか、地球の大気と衝突する粒子（94〜95ページ）によっても生成される。反物質は高温だった初期宇宙では、ごくふつうに大量に存在していた可能性があるが、とうの昔に消失してしまった。物質と反物質が出合うと、互いを打ち消し合って対消滅し、純粋なエネルギー（通常は光）になるのだ。

粒子同士がどのように作用し合い、結合して原子をつくるのかは、基本的な力によって決まる

力

ここまでで、物質を構成する基本ブロックのセットを見てきたが、このセットには指示書のようなものが必要だ。この指示書は自然界に存在するいくつかの力によって書かれている。これらの指示は一つひとつ順を追って明確に書かれているわけではない。自然界の力は、素粒子同士が互いにどのように作用し合い、結びつくかということについて、指針と制約を課しているのだ。自然界は4種類の基本的な力の作用によって規定されているようだ。そのうちの2種類の力はなじみ深い。重力と電磁気力で、無限の距離に影響が及ぶ。他の2種類の力は強い力と弱い力と呼ばれるもので、原子核の内部で限定してはたらくため、なじみがない。それぞれの力の影響はフェルミ粒子の間で交換されるが、その際に、ボース粒子という別の種類の粒子がそれに関与する。ボース粒子はベンガル人の理論物理学者サティエンドラ・ナート・ボースにちなんでつけられた。

重力

重力は最もなじみのある力だ。というのも、私たちを地球表面にしっかりと固定しているのがこの力であるからだが、実は基本的な力のなかで最も弱い。重力の弱さと、フェルミ粒子の質量の小ささを考えると、重力は、私たちに影響を及ぼすような形ではフェルミ粒子のふるまいにまったく影響しない。粒子の相互作用を考えるときには、重力は無視される。

重力子

重力子はボース粒子の一つであり、質量のある物体同士の間で重力（常に引力）を交換することが予測されている。重力子は実験的に観測されていないため、標準モデルの要素にはなっておらず、まだ理論上の存在である。しかし、最近の重力波の発見は重力子の間接的な証拠となっている。つまり、力の場が存在するところには常にボース粒子が存在すると言えるのだ。

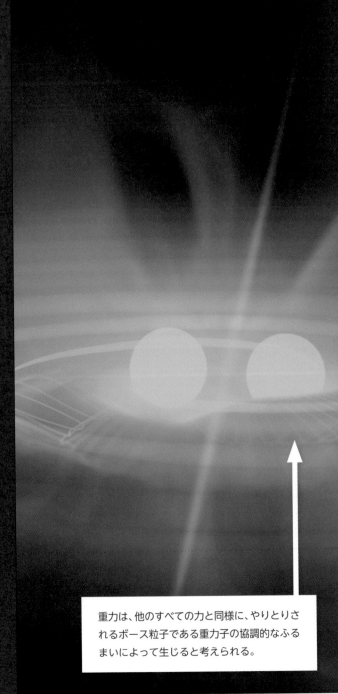

重力は、他のすべての力と同様に、やりとりされるボース粒子である重力子の協調的なふるまいによって生じると考えられる。

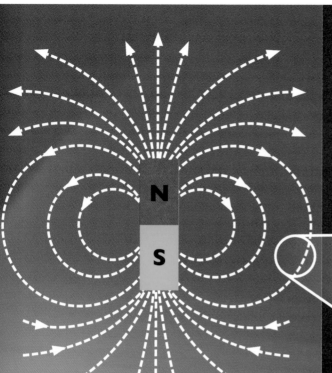

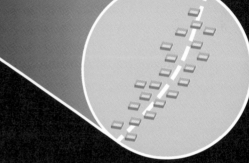

場

　少数の基本的な粒子の間に生じる力の交換について考えるとき、ボース粒子の交換を考えることが理にかなっている。しかし基本的な力を介した日常的な相互作用では、何兆個ものフェルミ粒子が関与し、さらにそれを上回る膨大な数のボース粒子を交換していると考えられる。こうした現実的な筋書きの場合、ボース粒子ではなく、磁場のような力の場で考える。力の場とは、要するにこれらのボース粒子のすべての作用を平均したものだ。たとえば、電磁場は光子と呼ばれる粒子の運動から生じる。

ボース粒子

　それぞれの力の影響はクォークとレプトンの間で交換されるが、交換を仲介するのがボース粒子と呼ばれる別の種類の粒子である。

　グルーオン(強い力の交換粒子、27ページを参照)は例外として、ボース粒子はフェルミ粒子のように互いに結合して、より複雑な物質をつくるわけではない。ボース粒子はフェルミ粒子同士の間で情報とエネルギーを交換するメッセンジャーにすぎない。

　左の図は、強さの順に4種類の力を、関係するボース粒子とともに示している。

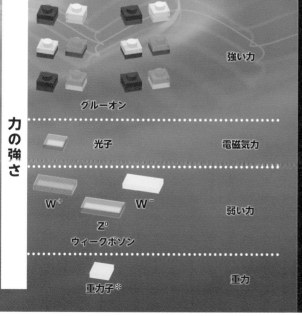

力の強さ

	強い力
グルーオン	
光子	電磁気力
W⁺　W⁻　Z⁰ ウィークボソン	弱い力
重力子＊	重力

＊重力子は実験的に観測されておらず、仮説にとどまる。

電磁気力は電気と磁気が合わさったもの。あらゆる物がしっかりと感じられるのは電磁気力のおかげだ

電磁気

　私たちは電磁気力を日常的に経験している。たとえば、エスカレーターの電場から受ける静電気の衝撃や、冷蔵庫のドアにお気に入りの写真をつなぎとめる磁場がそうだ。19世紀初めにマイケル・ファラデーが行なった実験と、ジェームズ・クラーク・マックスウェルによる数学の偉業によって、この二つの現象が電磁気力という一つの力から生じることが明らかになった。マックスウェルはまた、電磁気力は電磁放射によって伝わるこ

とを示した。マックスウェルの考えは、1940年代の物理学者によってさらに発展し、粒子の量子的な挙動を説明するとともに、QED（量子電磁力学）理論の誕生につながった。QED理論では、電磁気力は光子と呼ばれる光の粒子によってフェルミ粒子同士の間で交換される。光子は粒子だが、質量をもたないため、宇宙で最も速い速度（光速）で移動できる。

すべての荷電粒子は電磁気力の影響を受け、光子を交換する（吸収・放射する）。ここでは、電荷を帯びたすべてのフェルミ粒子を同じ高さのブロックで表わした。

粒子	陽子	電子	電子ニュートリノ	中性子	ヘリウム4の原子核
電荷	+1	−1	0	0	+2

荷電粒子は他の荷電粒子あるいは磁場と相互に影響を及ぼし合っている。電磁気力の世界でも、「反対の者同士は惹かれ合う」という古い言葉が通用する。互いに逆の電荷をもつ2個の粒子を引き合わせると、光子を交換して、互いに引き付け合う（磁石のN極とS極とが引き合うように）という奇妙な結果が生じる。

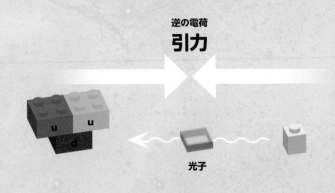

逆の電荷
引力

光子

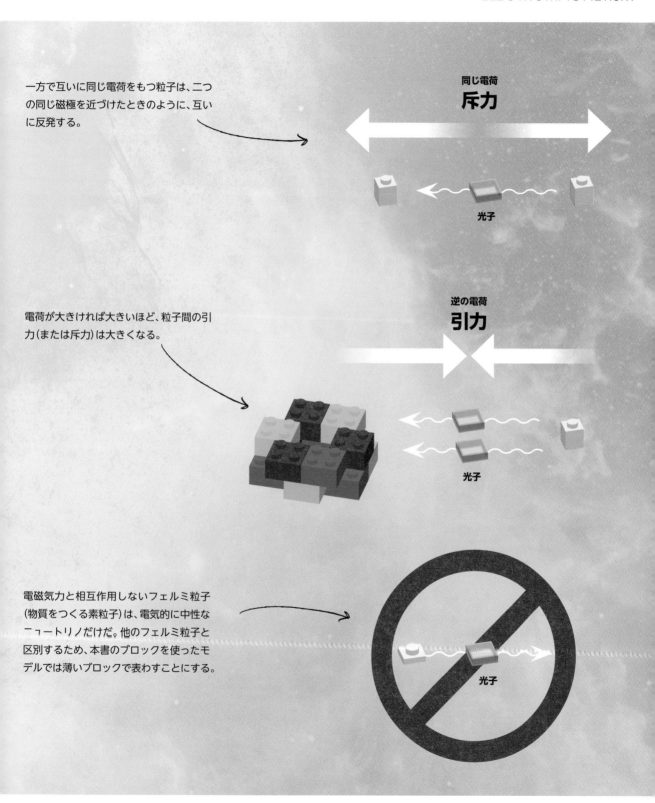

一方で互いに同じ電荷をもつ粒子は、二つの同じ磁極を近づけたときのように、互いに反発する。

同じ電荷
斥力

光子

電荷が大きければ大きいほど、粒子間の引力（または斥力）は大きくなる。

逆の電荷
引力

光子

電磁気力と相互作用しないフェルミ粒子（物質をつくる素粒子）は、電気的に中性なニュートリノだけだ。他のフェルミ粒子と区別するため、本書のブロックを使ったモデルでは薄いブロックで表わすことにする。

光子

強い力がなければ、プラスに荷電した陽子は一緒になれず、原子も存在しない

強い力

　強い力は名前のとおり4種類の力のなかで最も強い力だが、その影響は陽子の大きさにも満たない、とても小さな範囲に限定される。原子内部では、強い力はおもに、原子核内の陽子同士の間に生じる電磁気的な斥力を抑え込む役割を担っている。強い力はそれにふさわしい名前で、もしこの力が電磁気力よりも強くなければ、原子核は存在することができず、陽子は互いに反発し合うだけだ。強い力は中間子によって交換され（92～93ページを参照）、陽子と中性子を原子核内にまとめる。

強い力は陽子と中性子の間で引力としてはたらき、互いを引き寄せて原子核をつくる。

正の電荷をもった二つの陽子の間にはたらく電磁気的な力は斥力であり、強い力とは反対の向きにはたらき、原子核の形成を妨げる。

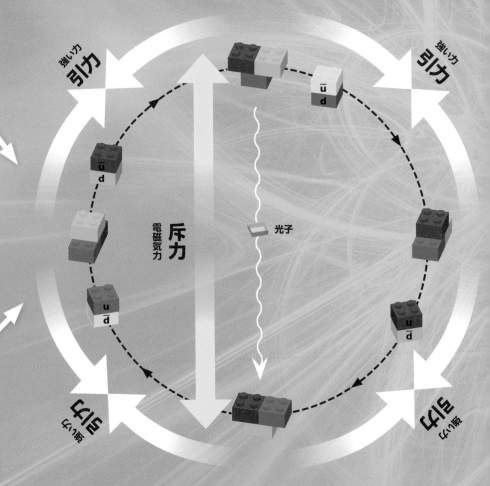

強い力　引力

強い力　引力

強い力　引力

強い力　引力

電磁気力　斥力

光子

u
d̄

u
d

u
d

u
d̄

強い力はクォーク同士をくっつけ、陽子や中性子やエキゾチックな粒子を形成する役割も果たす。クォーク同士の間では、強い力はグルーオンというボース粒子によって交換される。

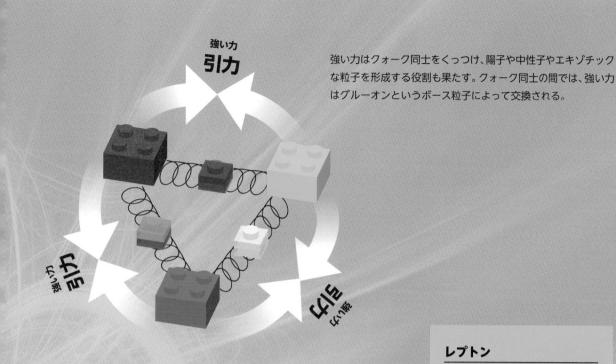

強い力が影響を及ぼすのは、クォークや反クォークの挙動だけだ。それは要するに、クォークと反クォークだけがグルーオンを放出したり吸収したりできるということで、本書では、クォークやグルーオンは色を付けて表わし、強い力の影響を受けないレプトンは白または黒で表わしている。

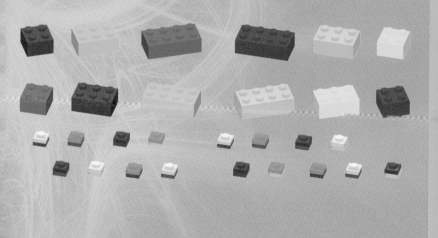

レプトン

レプトンは強い力をまったく感じることはなく、そのためグルーオンと決して相互作用しない。そのため、本書のブロックモデルでは、レプトンには色を付けず、レプトンは白、反レプトンは黒で示している。

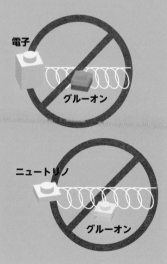

弱い力は、原子核の外でのみ粒子が感じる力で、素粒子を変換するはたらきがある

弱い力

　最後の4番目の力は弱い力だ。そう呼ばれる理由は今の私たちの宇宙の温度では、電磁気力や強い力ほど強くないからだ。弱い力は強い力や電磁気力のように構造を生み出すことはないが、その代わりに粒子を変換するという、奇妙な相互作用を引き起こす。弱い力はクォークをアップタイプのグループ（アップ、チャームもしくはトップ）からダウンタイプのグループ（ダウン、ストレンジもしくはボトム）へ、あるいはその逆へと変えることができ、また荷電レプトンをニュートリノに変えることができる。弱い力は唯一、すべてのフェルミ粒子に影響を及ぼすことができる（電磁気力は電気的に中性なニュートリノに影響を与えず、強い力はクォークのみに影響を与える）。

崩壊

　弱い力が粒子を変化させる能力は、特に重い粒子や原子核がより軽い粒子に変わろうとするときに現れ、この過程は崩壊と呼ばれる。また、ある原子核がもっと重い原子核に変化するのに適した状況、たとえば核融合の過程（第2章を参照）でも弱い力がはたらく。すべての恒星の中心部では、この核融合が起こっている。

> 粒子の変化は、電荷を帯びたWボソン（W^+ボソンとW^-ボソン）の交換によって起こる。ボース粒子とそれぞれの力との関係については23ページで確認しよう。

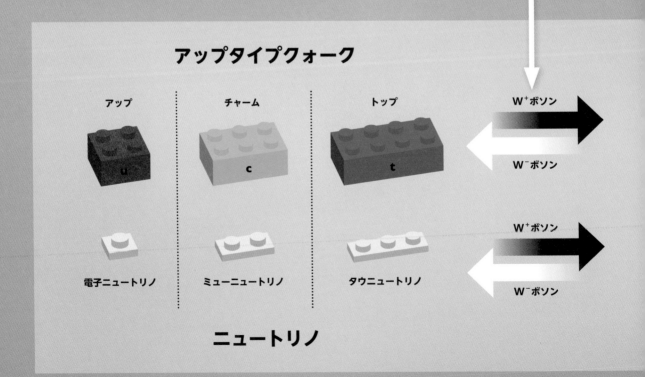

中性的なグループ

電荷を帯びたWボソンに加えて、電気的に中性な弱い力を伝えるボース粒子があり、これをZボソン（Z⁰）という。Zボソンは言うなれば質量をもつ光子で、エネルギーの交換は行なうが、粒子に関する他のことには何ひとつ関わらない。

フェルミ粒子とボース粒子

本書のモデルでは、フェルミ粒子を表わすブロックはすべて上面にスタッド（ポッチ）があり、互いに結合してより複雑な物質を形成することができる。たとえば、クォークは互いに結びついて、陽子や中性子などをつくり、電子は陽子と中性子と結びついて原子をつくる。

光子と弱い力を伝えるボース粒子（ウィークボソン）は、結びついてより複雑な物質をつくることがないので、上面の滑らかなブロックで表わしている。光子とウィークボソンはそれだけで物質をつくることはできず、ただ力を交換するだけだ。

一方、グルーオンは互いに相互作用することができ、グルーボール（112〜113ページ参照）と呼ばれる奇妙な物質を形成することも理論的に可能なことから、本書のモデルでは突起のあるブロックで表わしている。

ダウンタイプクォーク

ダウン　ストレンジ　ボトム

d　s　b

電子　ミュー粒子　タウ粒子

荷電レプトン

レプトンとニュートリノ

レプトンは物質を構成するフェルミ粒子だが、強い力を感じない。レプトンのうち、電子、ミュー粒子、タウ粒子は電荷をもっていて、電磁気力と相互作用する一方で、ニュートリノは電荷をもっておらず、そのため弱い力を介してのみ他の粒子と相互作用することができる。電荷をもつレプトンには、それぞれ対応するニュートリノがあり、こうしたニュートリノは、弱い力の相互作用によって対応する荷電レプトンと対になった状態で検出できる。弱い力を伝えるWボソンは、荷電レプトンを対応するニュートリノに変換し、反対にニュートリノを荷電レプトンに変換する。

ヒッグスボソンは粒子を減速させるが、そうすることで質量を与えているようにも見える

ヒッグスボソン

1965年に予言され、2012年に確認されたヒッグスボソンは、標準モデルという素粒子物理学のジグソーパズルの最後のピースだった。ヒッグスボソンは、ヒッグス場に関係する粒子だ。ヒッグス場はここまで見てきたものとは異なる力であり、粒子同士の相互作用を媒介するのではなく、粒子とヒッグスボソン（あるいはヒッグス場）との相互作用を可能にするものだ。磁場とその近くの磁気を帯びた他の物質とが相互作用するのと同じように、ヒッグス場は質量をもっているすべての基本粒子（すべてのフェルミ粒子と弱い力を伝えるボース粒子）と相互作用する。

ヒッグス場はヒッグスボソンを交換することで素粒子を減速させる。たとえて言うなら、シロップの中を動いているような状態にする。ヒッグス場によって、粒子は理論上最も速い速度である光の速度に到達することができない。ヒッグス場による減速は、質量に対して私たちが日頃、抱いている感覚に近いもので、たとえば、小さな質量をもつ物体に比べて大きな質量をもつ物体は、加速させるのにより大きな力を要する。

ヒッグスボソンは、すべての粒子と同じように相互作用するのではなく、特定の粒子とはより強く相互作用する。そしてヒッグスボソンとの相互作用が強くなるほど、粒子はより減速され、より大きな質量をもつ粒子であると観測される。

↑ヒッグス場の概念図

トップクォーク

トップクォークは最も大質量の基本粒子であり、ヒッグスボソンと最も強く相互作用する。

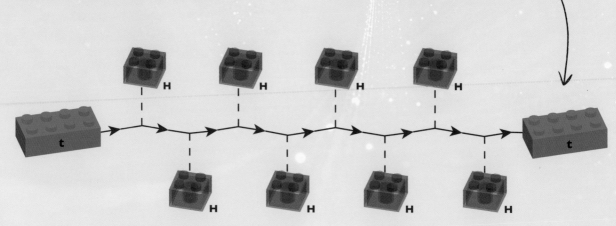

電子

電子はヒッグスボソンとの相互作用がきわめて弱く、そのためトップクォークよりも容易に、高速に加速させることができる。

ニュートリノ

ニュートリノの質量はわずかで、まだはっきりとわかっていない。フェルミ粒子の仲間では、ヒッグス場との相互作用が最も弱い。

ヒッグスボソン

ヒッグスボソンはまた、それ自身と相互作用できるから、質量をもつ。みずからによって減速するので、まるで携帯電話でゲームをしながら、ふらふら通りを歩く人々のようだ。

ヒッグスボソン

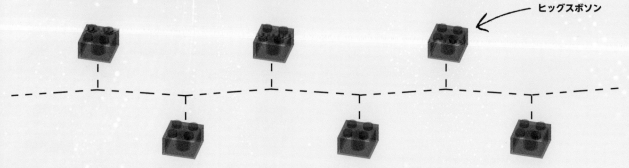

小さな粒子の世界を測定するには、エレクトロンボルトという単位を使う

エネルギーと質量

　日常のレベルでは、物体のエネルギーを表わす単位にはジュール（J）が使われる。これはイギリスの物理学者でビール醸造家のジェームズ・プレスコット・ジュールにちなんで名づけられた単位だ。私たちが日々接する物質は何兆もの原子からできていて、もっと言うと、さらに多数の原子よりも小さな粒子からつくられている。もし、無数の粒子のなかから1個だけを取り出したとすれば、そのエネルギーはとても小さいだろう。そのため、個々の粒子のエネルギーには、ジュールではなくエレクトロンボルト（eV）という単位が使われる。1 eVは非常に小さく、ジュールに換算すると1.6×10^{-19}つまり0.00000000000000000016 Jになる。ゼロをたくさん使ってジュールでエネルギーを表わすのではなく、単位そのものを変換しているのだ。これは異なる通貨の間で両替をするのと同じようなもの。1 eVとは、電子が1 V（ボルト）の電位差によって加速されたときに受けるエネルギーである（詳しくは66ページの加速器の項目を参照のこと）。

↑原子爆弾が爆発すると膨大なエネルギーが解き放たれる。このとき、小さな質量がきわめて短い時間にエネルギーに変換されている。

温度

　何兆個もの粒子のエネルギーを測定することは不可能だ。そこで、日常のレベルでは温度を測定する。温度とは、実質的には、物質に含まれるすべての粒子の力学（運動）エネルギーの平均であり、あらゆる物質の温度は、その物質をかたちづくっている粒子のエネルギーに直接、関連している。室温での粒子の運動に蓄えられている力学エネルギーは約0.025 eVである。一方、最先端の粒子加速器における粒子のエネルギーは数兆eV（数テラeV）に達している。

質量

　質量についても、私たちが日頃から使用しているキログラムの単位は、粒子を考えるときには実用的でない。人間の大人がおよそ70 kgであるのに対し、電子はわずか9.1×10^{-31}（0.00000000000000000000000000000091）kgしかないのだ。ここでも単位を変換するわけだが、この作業は注意深く行なわなければならない。

　この変換には、エネルギーと質量の等価性を示したアインシュタインの最も有名な方程式を用いる。この方程式による

と、非常に小さな質量の物質であっても、そのエネルギーを解放することができれば、質量に光速の2乗である9×10^{16} m^2/s^2をかけた、膨大なエネルギーを放出できる。この方程式を変形すれば、質量とはエネルギーを光速の2乗で割ったものであることがわかる。そこで、粒子の質量の単位には、エネルギーを光速の2乗で割り（かつ、エネルギーの単位をエレクトロンボルト（eV）とし）eV/c^2で示すことになっている。

$$E = m \times c^2$$

$$m = E \div c^2$$

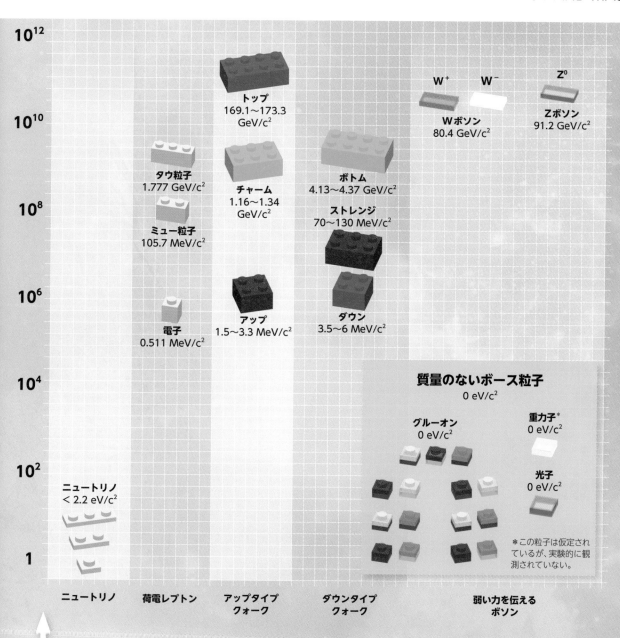

10^{12}

10^{10}

10^8

10^6

10^4

10^2

1

トップ
169.1〜173.3
GeV/c²

W⁺　**W⁻**　**Z⁰**

Wボソン
80.4 GeV/c²

Zボソン
91.2 GeV/c²

タウ粒子
1.777 GeV/c²

チャーム
1.16〜1.34
GeV/c²

ボトム
4.13〜4.37 GeV/c²

ストレンジ
70〜130 MeV/c²

ミュー粒子
105.7 MeV/c²

電子
0.511 MeV/c²

アップ
1.5〜3.3 MeV/c²

ダウン
3.5〜6 MeV/c²

質量のないボース粒子
0 eV/c²

グルーオン
0 eV/c²

重力子*
0 eV/c²

光子
0 eV/c²

ニュートリノ
< 2.2 eV/c²

*この粒子は仮定され
ているが、実験的に観
測されていない。

| ニュートリノ | 荷電レプトン | アップタイプ クォーク | ダウンタイプ クォーク | 弱い力を伝える ボソン |

最も軽いニュートリノの質量と、最も重
いトップクォークの質量とでは、1000
億倍もの開きがある。それぞれの基本的
な粒子の質量は、実験によって計測され
なければならず、その上で、標準モデル
の計算に組み入れていく必要がある。

キロ、メガ、ギガ

電子は500,000 eV/c²の質量をもつが、「倍量単位」を使えば10のべき乗の
形で表わすことができる。

500,000 eV/c²
　　=500 keV/c²　　（kは「キロ」の省略で、1,000倍を意味する）
　　=0.5 MeV/c²　　（Mは「メガ」の省略で、1,000,000倍を意味する）
　　=0.0005 GeV/c²　（Gは「ギガ」の省略で、1,000,000,000倍を意味する）

現在の考え方では、宇宙は初め純粋なエネルギーであり、無限に小さい一点から膨張した

ビッグバン

　約138億年前、真空の中で何かが起きた。そこには何も存在していなかったが、私たちを取り巻くすべての空間、時間、エネルギーは無限に小さい一点から広がった。最初の瞬間に、宇宙は急速に、光よりも速く膨張した。これがインフレーションとして知られている時期だ。この初めの頃の宇宙ではエネルギーの密度が高く、そのため宇宙はきわめて高温だった。自然界について今の私たちが知ることができるのは、ビッグバン後の10^{-43}秒後まで。つまり、ビッグバンがなぜ、どのように起こったか、ということについては解明できていない。これよりも前の宇宙は、温度とエネルギー密度がきわめて高く、しかもサイズがあまりに小さかったため、現在の科学では描き出せないのだ。

　このエネルギーの地平線の直後、宇宙は粒子同士が互いに光速に近い速度で衝突し合う、煮えたぎったスープのようだったということはわかっている。そして粒子は、何度も互いを破壊しては、再びエネルギーを生み出すという、破壊と創生のサイクルを回したはずだ。

　宇宙は、みずからを膨張させ続けるのと同時に、空間と時間を引き延ばした。そうして宇宙が膨張し、エネルギーがまばらになっていくほど、宇宙はますます冷えていった。これは、スプレー缶からガスが放出されると、缶の中身が冷える現象と似ている。宇宙が冷えるにつれて、粒子のスープも冷え、粒子の速度も遅くなった。そしてある時、粒子は互いに衝突したり、跳ね返ったりすることがまったくできなくなった。粒子の間にはたらく力が、粒子の運動に影響し始めたのだ。

　この章では、激しいビッグバンから、星々が初めて暗黒の宇宙を照らし始める比較的穏やかな時期まで、宇宙の初期を見ていこう。

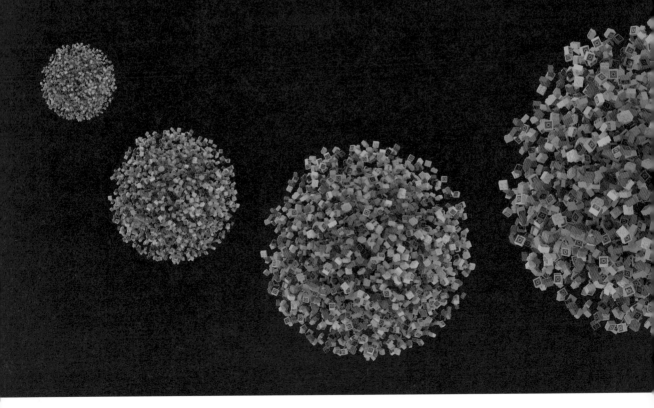

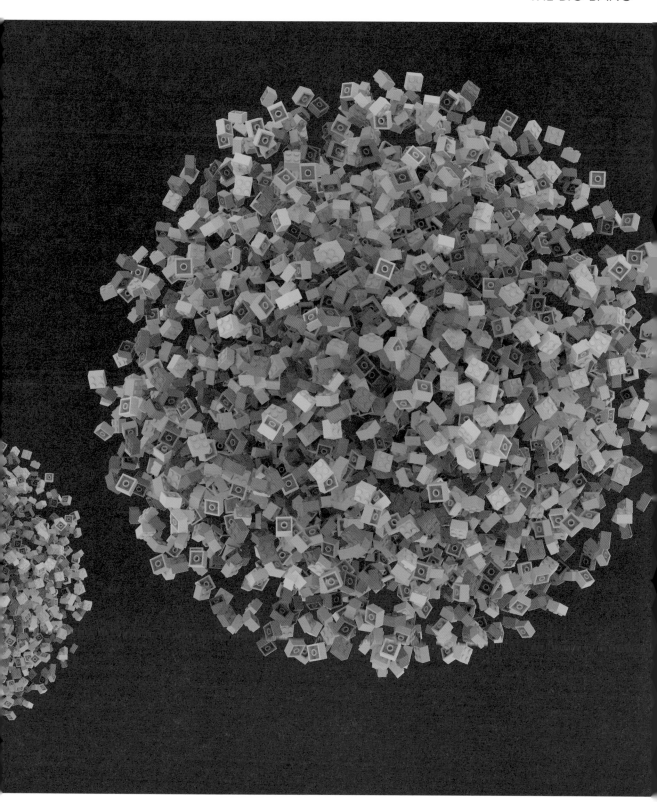

宇宙の歴史とは、膨張と冷却の歴史である

宇宙の略史

このセクションの図は、このあと数ページ分の内容を要約したものだ。そして宇宙の歴史のうち、素粒子物理学者にとって特に重要な時期を簡潔にまとめたものでもある。それでは、各時代の出来事を理解するうえで重要になるキーワードを見ていこう。

秒…ビッグバンを起点とする時間で、各種の力が粒子にはたらくようになる時間枠を示した。図では、1秒よりはるかに短い時間から、宇宙の年齢であるおよそ138億年までを示した。

K（ケルビン）…力が粒子にはたらき始める重要な時間における宇宙の温度を示した。この温度は、なじみのある摂氏温度（℃）ではなく、ケルビン温度（K）で表わす。図には、ビッグバン直後の10^{28} Kから、現在の深宇宙のわずか2.7 Kに至るまでの変化を示している。ケルビン温度の刻み幅は摂氏温度のそれと同じだが、ケルビン温度の0 Kは、摂氏温度の−273.15℃に相当する。この温度よりも低い温度はなく、そのため絶対零度と呼ばれる。

GeV（ギガエレクトロンボルト）…図に示した宇宙の各時代区分における基本粒子の平均的なエネルギーをギガエレクトロンボルト（10億eV）で表わした。最初の区分の数百GeVから、現在のエネルギーの2.3×10^{-13} GeVまでの範囲に及ぶ。

素粒子物理学者にとって、エネルギーはタイムマシーンだ。莫大なエネルギーが粒子に与えられ、その粒子が宇宙誕生直後

の状況を生み出した。物理学者は、CERN（欧州合同原子核研究機構）のLHC（大型ハドロン衝突型加速器）の中の陽子がもつエネルギーをもとに、ビッグバンのあと1000億分の1秒に満たない間に起こった出来事を推測している。

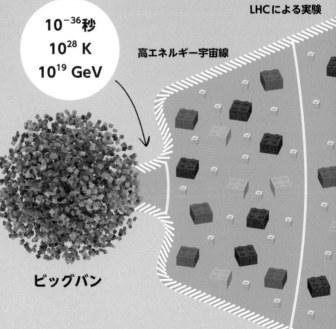

10^{-36}秒
10^{28} K
10^{19} GeV

LHC による実験

高エネルギー宇宙線

ビッグバン

10^{-10}秒
10^{15} K
10^2 GeV

数字の表わし方

本書では、大きさやエネルギーのスケールに応じて科学的な倍量・分量単位を使っている。倍量単位はコンピューター分野の言葉として、すでにおなじみのものかもしれない。たとえば、メガバイトやギガバイトがそうで、それぞれ100万バイト（10^6バイト）、10億バイト（10^9バイト）という意味だ。また、分量単位は長さの尺度として知っているのではないだろうか。ミリメートルがま

さにそれで、その意味は1000分の1メートル（10^{-3}メートル）である。すべての単位にメガやギガやミリなどの倍量・分量単位を付けることができ、そうすることで数字のスケールを簡潔に表わせるのだ。ちなみに指数表記〔数字の右肩についている小さな数字〕について説明しておこう。たとえば、10^{-4}は0.0001を意味し、10^2は100を意味する。

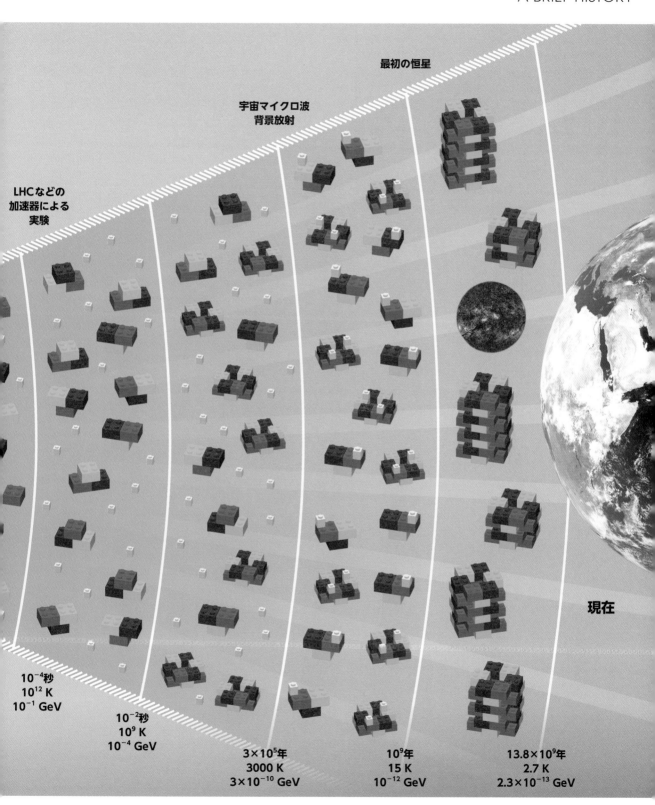

最初の恒星

宇宙マイクロ波
背景放射

LHCなどの
加速器による
実験

10^{-4}秒
10^{12} K
10^{-1} GeV

10^{-2}秒
10^{9} K
10^{-4} GeV

$3×10^{5}$年
3000 K
$3×10^{-10}$ GeV

10^{9}年
15 K
10^{-12} GeV

$13.8×10^{9}$年
2.7 K
$2.3×10^{-13}$ GeV

現在

宇宙誕生後の1秒に満たないほんのわずかな時間に、
クォークは強い力に打ち勝てなくなり、互いにくっついて陽子をつくり出した

最初の1秒

　宇宙誕生からおよそ10^{-10}（0.0000000001）秒で、物質の
粒子の数が反物質の粒子の数よりもはるかに多くなった。ど
うしてそうなったのか、その正確な原因は今日まさに素粒
子物理学者が研究しているところだ（154〜155ページの
チャージ−パリティ対称性の破れを参照）。宇宙の温度は約
1,000,000,000,000,000 Kという超高温となり、物質粒子は
高速で動き、互いに衝突しては跳ね返っていた。

　およそ10^{-4}秒後になると、宇宙は冷えて、クォークと呼ばれ
るグループの物質粒子はもはや互いに跳ね返ることができな
くなった。その代わりに、強い力（第4章を参照）が作用してク
ォーク同士を結びつけるようになり、陽子、中性子、電子とい
う3種類のグループの物質が生まれた。
　2種類のクォーク（アップクォークとダウンクォーク）は、二
通りの組み合わせで結びつき、最初の複合粒子を形成した。つ
まり、複数の素粒子が組み合って新たな粒子ができているのだ。

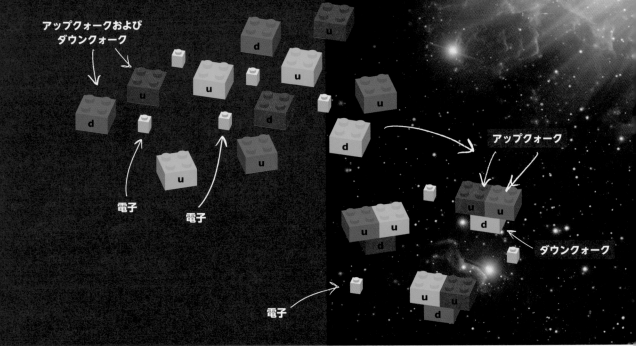

アップクォークおよび
ダウンクォーク

電子

電子

アップクォーク

ダウンクォーク

電子

陽子と中性子

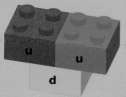

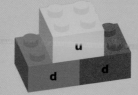

このモデルでは、陽子は1個のダウンクォークとその上の2個のアップクォークで表わされ、下向きの凸形になる。

このモデルでは、中性子は2個のダウンクォークとその上の1個のアップクォークで表わされ、上向きの凸形になる。

電子は強い力の影響を受けないため、この時期の宇宙では単なる傍観者だった。

陽子と中性子のモデルでは、赤、緑、青のクォークがそれぞれ一つずつなければならない。モデルの陽子と中性子の中に各色のブロックがそろっていれば、どのブロックがどの色でも構わない。

宇宙誕生から数分後、弱い力は陽子を中性子に変えた。中性子ができると、ヘリウムの原子核も生まれた

最初の1分

　誕生から数十秒後の宇宙の温度はおよそ10億Kだった。これだけ温度と物質密度が高かったということは、十分な数の陽子が互いにぶつかり合い、そのうちのあるものは陽子が感じる強い力によって互いに結びついたということを意味する。

　一方、中性子は長い時間、単独では存在することができず、すぐに陽子に変わる。しかし条件がそろえば、陽子も中性子に変化することができる。中性子と陽子との間に起きるこの変換には弱い力が必要であり、宇宙の進化におけるこの段階では、弱い力が必要不可欠だった。

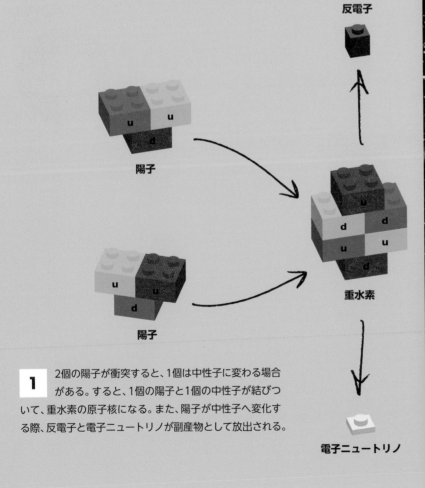

1 2個の陽子が衝突すると、1個は中性子に変わる場合がある。すると、1個の陽子と1個の中性子が結びついて、重水素の原子核になる。また、陽子が中性子へ変化する際、反電子と電子ニュートリノが副産物として放出される。

陽子

重水素

ヘリウム3

2 ほんのわずかな時間に、さらに別の陽子が重水素と衝突し融合すると、ヘリウム3〔元素名のあとの数字は、原子核の質量数（陽子と中性子の総数）を示している〕ができる。

陽子

3 ヘリウム3は寿命が短い。その短い寿命の間に、幸運にも2個のヘリウム3の原子核が互いに衝突することができれば、安定した原子核をもつヘリウム4になる。ヘリウム4が形成されるとき、一方のヘリウム3の原子核に含まれる陽子1個と、もう一方のヘリウム3の原子核に含まれる中性子1個が組み合わされ、余分になった2個の陽子が放出される。ヘリウム4は、安定な原子核のなかで現在でも2番目に存在量が多い（いちばん多いのは陽子で、つまり水素の原子核だ）。

ヘリウム3

ヘリウムの原子核

同位体

原子核を構成する陽子の数によって、その原子核がどの化学元素になるかが決まる。なかには陽子の数は同じでも中性子の数が異なる原子核があり、それらを同位体と呼ぶ。たとえば、ヘリウム3（陽子2個と中性子1個）とヘリウム4（陽子2個と中性子2個）は、ともにヘリウムの同位体である。

陽子

41

宇宙の誕生からおよそ38万年後、電子は原子核との間の引力に抗えなくなり、
互いに結合して水素とヘリウムを生み出した

最初の原子

　膨大な量のヘリウム4が生成された後も、宇宙の大
部分は相変わらず、正の電荷を帯びた原子核と負の
電荷を帯びた電子の混合物のままだった。原子核と
電子は光の粒子である光子を交換して、互いに引き
合ったり反発し合ったりした。電磁気力を伝える光
子によって、電荷を帯びた物質の相互作用が生じた。
その結果、光は捕捉され、原子核と電子の間を絶えず
跳ねまわった（つまり、吸収と放射が繰り返された）。
この状態は長く続き、そのあいだ光は自由に宇宙を
進むことができなかったため、この時期は宇宙の暗
黒時代と呼ばれる。

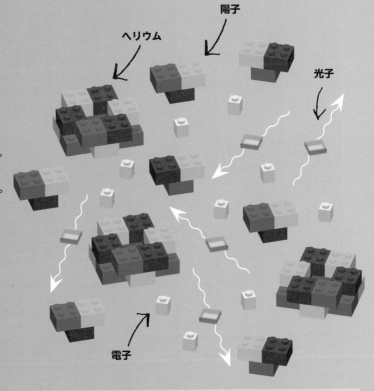

水素とヘリウム

　宇宙の誕生からおよそ38万年後、温度が
ちょうど3000 Kになったとき、宇宙の状況
が一変した。負の電荷を帯びた電子はエネ
ルギーを失い、正の電荷を帯びた原子核の電
磁気力が及ぼす引力にもはや抵抗できなく
なっていた。そうして電子と原子核は結合し、
宇宙で最初の原子である水素とヘリウムを
生み出した。

　この二つの新しい原子には、原子核の正電
荷の陽子と、そのまわりを取り囲む負電荷の
電子が同数あったため、全体としては電荷が
ゼロになり電気的に中性だった。水素原子
は1個の陽子に1個の電子が結びついていて、
電気的に中性になるのだ。ヘリウム原子はヘ
リウム4の原子核に2個の電子が結びついて
おり、こちらも電気的に中性だ。

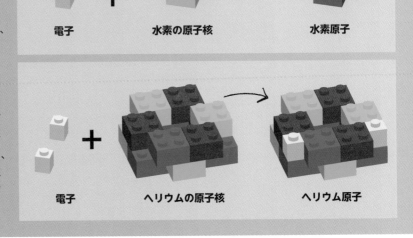

電子　　　＋　　　水素の原子核　　　→　　　水素原子

電子　　　＋　　　ヘリウムの原子核　　　　ヘリウム原子

光あれ

今や光子は、相互作用する相手である電荷を帯びた物質がほとんどなくなったため、自由に動きまわれるようになった。光は宇宙全体に広がり、宇宙が膨張するにつれて、現在ではマイクロ波や電波の波長へと引き伸ばされた。この宇宙マイクロ波背景放射をプランク衛星や他の探査機によってマップにすることで、私たちは宇宙で最も古い光の状況を知ることができる。天文学で使われる望遠鏡が私たちに見せてくれる最も古い時代はこの頃までだが、本書の後半では最初の1秒まで時計の針を戻す方法を示した。

プラズマ

光子と相互作用する、正の電荷と負の電荷を帯びた粒子の高温の混合物のことをプラズマという。プラズマは、固体・液体・気体という「物質の三態」とは非常に異なることから、物質の第四の状態であると物理学者は考えている。

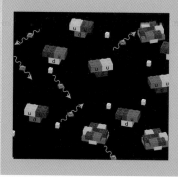

43

ビッグバンのおよそ1億年後、ようやく影響を
及ぼし始めた重力によって、最初の恒星が誕生する

最初の恒星

　最も身近でありながら、本書ではまだ触れていない力がある。
それは重力だ。重力は物体がもつ質量に作用する。重力は非常
に弱い。なにしろ、私たちが跳びはねるとき、私たちの脚は体と
地球との間にはたらく引力に打ち勝っているのだ。それに比べ、
電磁気力ははるかに強い。磁石を使えば、大きな質量の金属を
容易に持ち上げられることからもそれは明らかだ。重力が弱い
ということ、そして粒子には非常に小さな質量しかないという
ことから、素粒子物理学では多くの場合、重力はまったく無視
されている。しかし、軽いガスの雲であっても何光年もの大き
さにまでなれば、その合計の質量によって、ついには重力が宇
宙に影響を及ぼすまでになる。

1 ほぼ水素から成る大規模なガス雲が、ビッグバンのおよ
そ1億年後に形成され、重力によって収縮し始めた。ガ
スが内向きに落ち込むと、ガスの温度は上昇を始める。ガス雲
の中心部では温度が3000 Kを超え、電子は再び原子核から自
由になって、プラズマの状態になった。

2 まもなくガス雲は、宇宙の最初の数分以来の高い温度と
密度に到達した。それぞれのガス雲の中心部は原始星と
呼ばれ、それはいわば極小の宇宙で、陽子の核融合に必要な条
件を再び満たしていた。そして、核融合が始まり、陽子が結合し
てヘリウムがつくられるようになると、最初の恒星が誕生した。

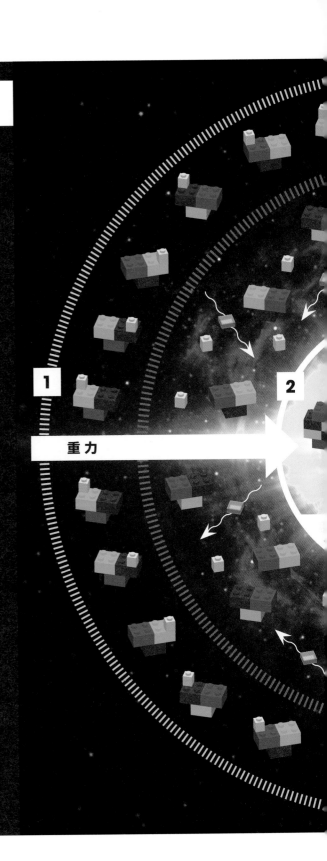

重力

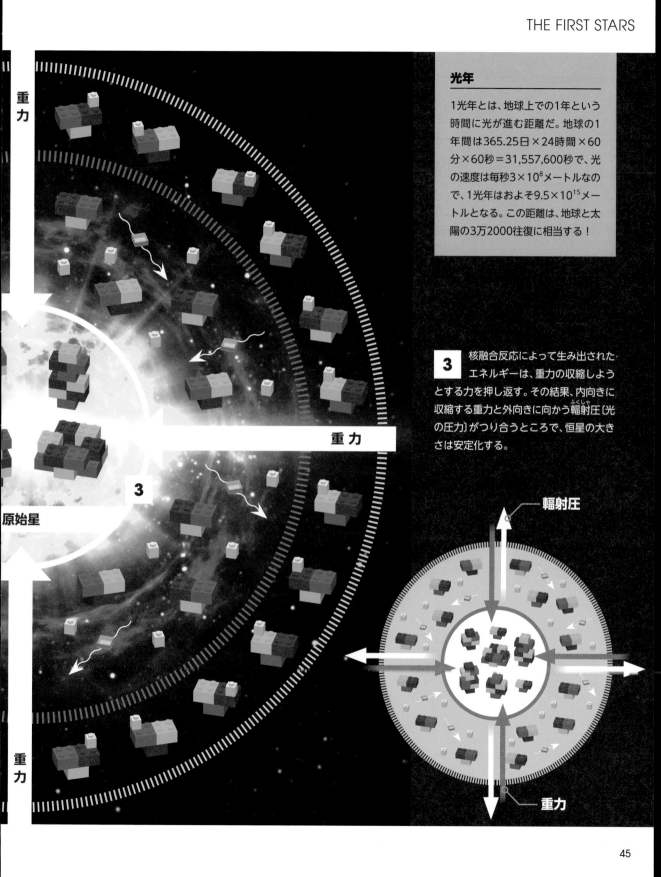

重力

重力

重力

原始星

3

光年

1光年とは、地球上での1年という時間に光が進む距離だ。地球の1年間は365.25日×24時間×60分×60秒＝31,557,600秒で、光の速度は毎秒$3×10^8$メートルなので、1光年はおよそ$9.5×10^{15}$メートルとなる。この距離は、地球と太陽の3万2000往復に相当する！

3 核融合反応によって生み出されたエネルギーは、重力の収縮しようとする力を押し返す。その結果、内向きに収縮する重力と外向きに向かう輻射圧〔光の圧力〕がつり合うところで、恒星の大きさは安定化する。

輻射圧

重力

恒星の中心部は密度が高いため、陽子同士の衝突が頻繁に起き、水素がヘリウムに変わっていく

陽子－陽子連鎖反応

恒星の中心核は、初期の宇宙と同じような温度になっているが、そこには陽子がもっとぎっしりと詰まっている。この高密度状態のために、陽子と原子核は以前にもまして互いに衝突するようになる。陽子と原子核の衝突が増えたということは、新しい原子核が生まれる機会が増えるということだ。この陽子－陽子連鎖反応は、宇宙誕生後、最初の数分間に起こった核融合

をさらに先へと推し進めるものだ。恒星の大きさや年齢にかかわらず、すべての恒星は一生の90％以上の期間にわたって、この連鎖反応を通じて陽子からヘリウムを生成する。ヘリウム4を生成する経路はいくつもあるが、ここでは起こる可能性の最も高い経路を見ていこう。

1 40ページで解説したように、2個の陽子が衝突して重水素となるとき、反電子と電子ニュートリノが放出される。重水素と1個の陽子が衝突すると、ヘリウム3が形成される。そして、2個のヘリウム3の原子核が衝突すると、ヘリウム4の原子核がつくられ、2個の陽子が放出される。

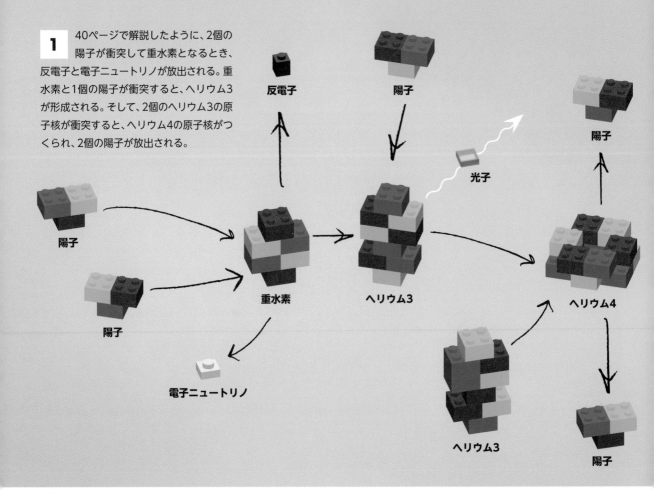

反電子

陽子

陽子

光子

陽子

陽子

陽子

重水素

ヘリウム3

ヘリウム4

電子ニュートリノ

ヘリウム3

陽子

2 ヘリウム4が恒星内で
つくられると、さらに別
のヘリウム3と衝突して核融合
が起き、ベリリウム7の原子核
(陽子4個、中性子3個)ができる。

3 ベリリウム7は不安定で、
すぐに近くの電子を捕まえ
て、陽子を中性子に変換し、安定な
リチウム7の原子核(陽子3個、中性
子4個)をつくり出す。この過程で
電子ニュートリノが放出される。

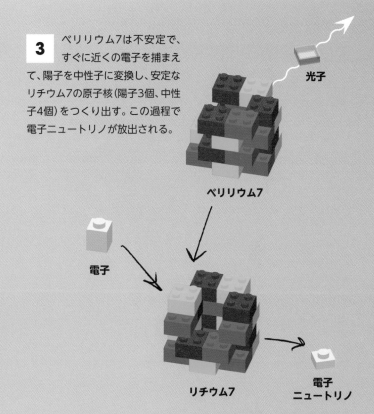

光子

ベリリウム7

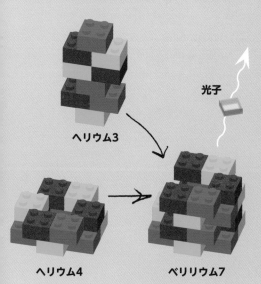

光子

ヘリウム3

電子

ヘリウム4   ベリリウム7

リチウム7

電子
ニュートリノ

4 リチウム7と陽子が衝突すると、ベリリウム8の
原子核(陽子4個、中性子4個)がほんの一瞬の間
ではあるが、生じる。しかし、ベリリウム8は不安定なた
め、すぐに2個のヘリウム4の原子核へと崩壊する。
　このプロセスの各段階で、エネルギーが光子の形で
放出される。この連鎖反応の最終生成物はヘリウム4だ
が、恒星は陽子を他の方法で核融合させ、新しい化学元
素の原子核を生成することがわかっている。ここで見
た陽子－陽子連鎖反応は、恒星が水素をヘリウムに変換
する、二つある主要な経路の一つだ。次のセクションで、
もう一つの経路を見ていこう。

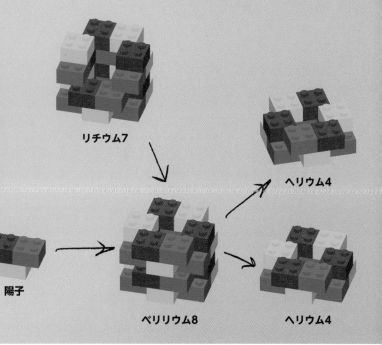

リチウム7

ヘリウム4

陽子

ベリリウム8   ヘリウム4

前の世代の恒星が残した炭素によって、
新しい世代の星はそれまでとは違う方法でヘリウムをつくるようになる

新しい恒星の誕生、そしてCNOサイクル

時間とともに、星々は生まれては死んでいく。星が最期を迎えるとき、その残骸は宇宙空間にばらまかれて新しい星の種となる。この時に生まれる新しい世代の恒星は、前の世代の恒星、つまりほとんどが水素でできていて少しヘリウムが含まれるような恒星とは異なっている。新世代の恒星はより重い元素である、炭素（C）、窒素（N）、酸素（O）などの原子核をもつようになるのだ。私たちの太陽は、他の恒星でつくられた、これらの重い元素を大量に含んでいる。太陽系が今ある空間には、かつて1世代目あるいはおそらく2世代目の恒星が存在していたと考えられ、それらの残骸は太陽とその惑星の誕生に関わったはずだ。

地球の窒素

地球上に存在する窒素の99.6％は窒素14で、0.4％は窒素15で構成されている。

1 炭素12の原子核に陽子が衝突して融合すると、不安定な窒素13の原子核（陽子7個、中性子6個）ができる。

陽子

窒素13

2 弱い力のはたらきで、1個の陽子が1個の中性子に変わる。このとき、反電子と電子ニュートリノが放出されて、安定な炭素13の原子核（陽子6個、中性子7個）ができる。

3 炭素13と1個の陽子が融合し、安定な窒素14（陽子7個、中性子7個）が生じる。これは、私たちが呼吸している地球の大気の78％を占める窒素だ。

炭素13

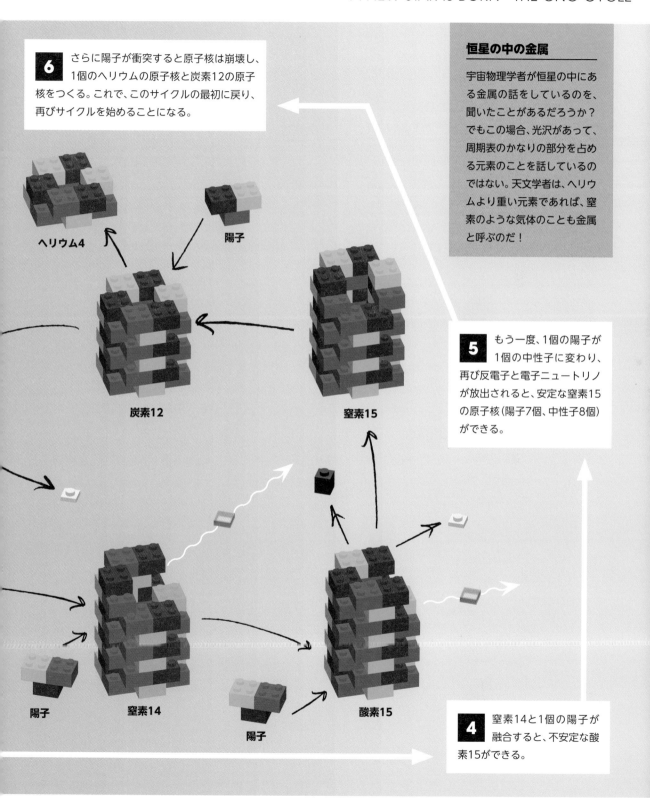

6 さらに陽子が衝突すると原子核は崩壊し、1個のヘリウムの原子核と炭素12の原子核をつくる。これで、このサイクルの最初に戻り、再びサイクルを始めることになる。

恒星の中の金属

宇宙物理学者が恒星の中にある金属の話をしているのを、聞いたことがあるだろうか？でもこの場合、光沢があって、周期表のかなりの部分を占める元素のことを話しているのではない。天文学者は、ヘリウムより重い元素であれば、窒素のような気体のことも金属と呼ぶのだ！

ヘリウム4

陽子

炭素12

窒素15

5 もう一度、1個の陽子が1個の中性子に変わり、再び反電子と電子ニュートリノが放出されると、安定な窒素15の原子核（陽子7個、中性子8個）ができる。

陽子

窒素14

陽子

酸素15

4 窒素14と1個の陽子が融合すると、不安定な酸素15ができる。

陽子の数が減り、核融合を続けられる量を下回ると、恒星は内側に収縮を始め、
ヘリウムが核融合を起こし、さらに重い元素になる

トリプルアルファ反応

　陽子－陽子連鎖反応とCNOサイクルの核融合によって、恒星の中心核にある陽子は数が減る一方で、ヘリウム4の数は増加する。中心核の陽子が減り続け、短い時間に互いに衝突できなくなって、ついには核融合を継続できなくなるときがやってくる。そうすると、恒星の中心核で起きていた核融合反応はすべて止まり、中心核は不活発になる。

　中心核で起きている陽子からヘリウム4への核融合が止まると、重力が恒星を支配するようになり、恒星の主成分であるガスが内側へと収縮を始める。すると、恒星内部の温度と圧力が上昇し、粒子同士が激しく頻繁に衝突するようになる。恒星の温度は、中心核の外の陽子同士が融合を起こすほど高温になり、ヘリウムに富んだ不活発な中心核の周囲に層が形成される。

　この間も、中心核の温度は上昇を続ける。そして、中心核の温度が1億Kに達すると、正に帯電したヘリウム4の原子核は互いの間にはたらく斥力に打ち勝って核融合を始める。

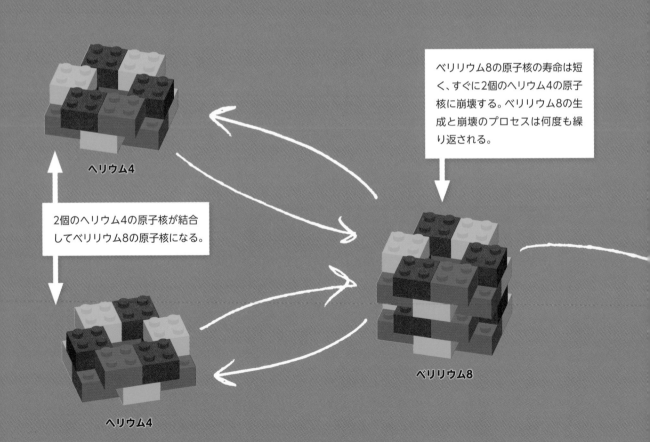

ベリリウム8の原子核の寿命は短く、すぐに2個のヘリウム4の原子核に崩壊する。ベリリウム8の生成と崩壊のプロセスは何度も繰り返される。

ヘリウム4

2個のヘリウム4の原子核が結合してベリリウム8の原子核になる。

ヘリウム4

ベリリウム8

恒星の中心核の圧力が高まると、短時間ながら、寿命の短いベリリウム8の原子核に3個目のヘリウム4の原子核が衝突するチャンスが生まれる。そうすると、ベリリウム8の原子核とヘリウム4の原子核が融合して、安定な炭素12の原子核ができる。

写真は「創造の柱」という、水素ガスと塵でできた巨大な柱状の構造で、このガスや塵が収縮して恒星を生み出す。

ヘリウム4

炭素12

アルファ反応

なぜこのプロセスはアルファ反応と呼ばれているのだろうか？　この名称には、放射線の歴史とヘリウム4の別の呼び方が関係している。答えは86〜87ページを参照。

ヘリウムの原子核は炭素の原子核に次々と融合して、重い元素をどんどんつくっていく

アルファ反応のはしご

質量が太陽の8倍未満の恒星にとって、炭素12は核融合反応の終点だ。このような恒星の中心核の温度では、ヘリウム4の原子核は、みずからよりも多い6個の正の電荷を帯びた炭素12がもつ電磁気の反発力に打ち勝って融合することができない。しかし、質量が太陽の8倍以上に及ぶ恒星では、核融合はその先へと進む。温度と密度がどんどん上昇していき、ヘリウム4はより重い原子核と衝突することができ、アルファ反応を通して融合を続ける。

恒星の質量が大きくなればなるほど、アルファ反応から生まれる原子核も大きくなる。しかし、原子核が大きくなると、含まれる陽子の数が多くなり、正電荷も大きくなることから、ヘリウム4の原子核と衝突することはしだいに難しくなっていく。そのため、この方法でネオン20よりも重い元素を生み出すことは、きわめて困難になる。アルファ反応の各段階の発生率は非常に低いので、恒星でつくられるエネルギー全体に対する寄与は大きくはない。つまり、恒星で生じるエネルギーのほとんどは依然として、陽子－陽子連鎖反応の核融合とヘリウムの核融合に由来するのだ。

奇数個の陽子と偶数個の陽子

重い元素を生み出す核融合のほとんどにはヘリウム4が関わるため、奇数個の陽子をもつ原子核よりも、偶数個の陽子をもつ原子核の方が一般的だ。奇数個の陽子をもつ元素ができるには、弱い力によって陽子が中性子に変換される必要がある。

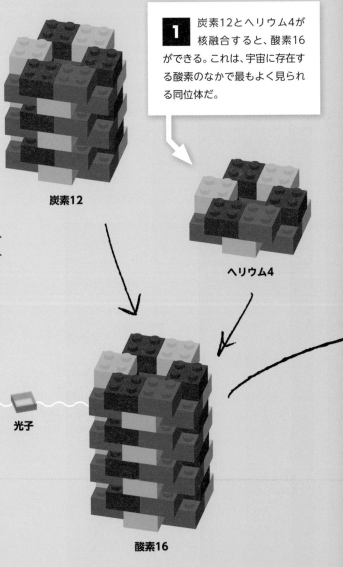

1 炭素12とヘリウム4が核融合すると、酸素16ができる。これは、宇宙に存在する酸素のなかで最もよく見られる同位体だ。

炭素12

ヘリウム4

光子

酸素16

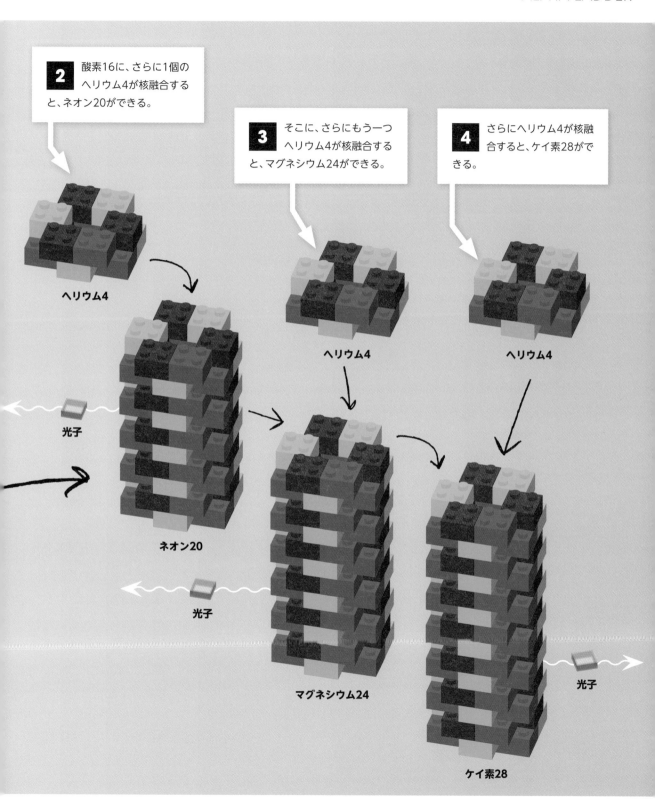

やがて恒星の中心核のヘリウムが使い果たされると、炭素の原子核が次の核融合の燃料になる

炭素の燃焼

　物事には必ず終わりが来るように、超大質量星の中心核で続いていたヘリウムの燃焼もいずれ終わりを迎える。その理由は、他のタイプの核融合が終わるのとほぼ同じで、核融合を起こす物質の濃度が減少することにある。恒星が再び収縮し始めると、炭素が豊富で不活発になった中心核の温度が上昇を始める。すると、中心核よりも外側でヘリウム4の核融合が始まり、さらにその外側で起きている陽子ー陽子連鎖反応と合流する。こんなふうに恒星は、異なる核融合プロセスが進む層がタマネギのように幾重にも重なった構造になっている。質量が太陽の8倍以上の恒星では、中心核の温度が5億Kを超えるほどにまで上昇する。炭素12の原子核は正電荷の陽子を6個もち、互いに反発し合うが、この温度ではその反発力に打ち勝つほど原子核のエネルギーが高まる。そして炭素の原子核同士が衝突すると、核融合が起こりさらに重い原子核ができる。

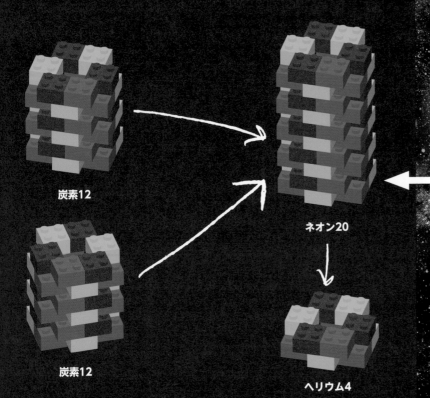

炭素12

炭素12

ネオン20

ヘリウム4

ネオン20
起こる可能性が最も高い反応は炭素12の原子核同士が融合して、ネオン20の原子核とヘリウム4の原子核ができる反応だ。

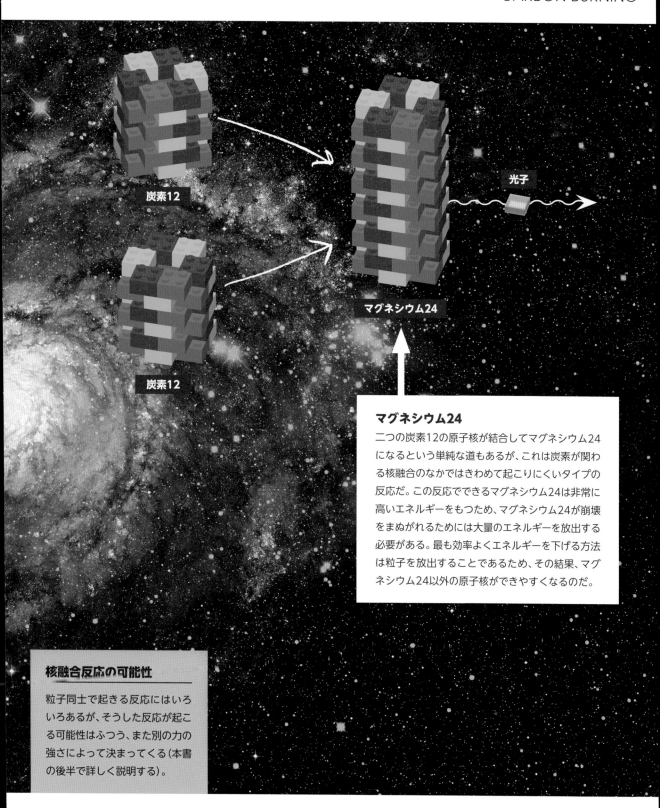

炭素12

炭素12

光子

マグネシウム24

マグネシウム24

二つの炭素12の原子核が結合してマグネシウム24になるという単純な道もあるが、これは炭素が関わる核融合のなかではきわめて起こりにくいタイプの反応だ。この反応でできるマグネシウム24は非常に高いエネルギーをもつため、マグネシウム24が崩壊をまぬがれるためには大量のエネルギーを放出する必要がある。最も効率よくエネルギーを下げる方法は粒子を放出することであるため、その結果、マグネシウム24以外の原子核ができやすくなるのだ。

核融合反応の可能性

粒子同士で起きる反応にはいろいろあるが、そうした反応が起こる可能性はふつう、また別の力の強さによって決まってくる（本書の後半で詳しく説明する）。

炭素の原子核が尽きると、重力によって恒星はさらに収縮し、中心核の温度が上昇して酸素の核融合が起きる

酸素の燃焼

　超大質量星の内部の高温は核融合を起こす一方で、原子核をばらばらにするほどの高エネルギーの光子をも生み出す。宇宙では、酸素は核融合だけでつくられると仮定した場合よりも高い比率で観測されているが、その一因は光子によってネオン20が分裂し、酸素16とヘリウム4ができたことにある。この酸素16の生成は、星が再び収縮して温度がさらに上昇を始める直前、炭素の燃焼速度が低下するにつれて起きる。その後、恒星の中心核の温度が20億Kあたりまで上昇すると、そのころには数を増した酸素16の原子核が核融合するのに十分なエネルギーをもつようになる。そして最後には、さまざまな生成物がつくり出されるが、ここでは特によく見られる2種類の反応について見ていこう。

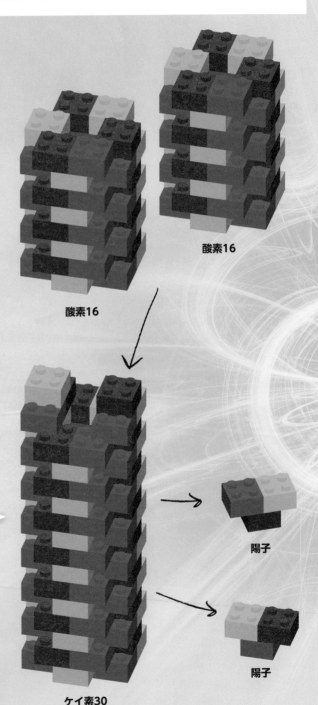

酸素16

酸素16

ケイ素30
炭素の燃焼の場合と同じで、単純に考えれば、生成物としてすぐに思い浮かぶのは、2個の酸素16が結びついてできる、反応前と同数の陽子と中性子をもつ硫黄32である。しかし、こうしてできた硫黄32はエネルギーが高すぎるため、2個の陽子を放出して、ケイ素30になる。

陽子

陽子

ケイ素30

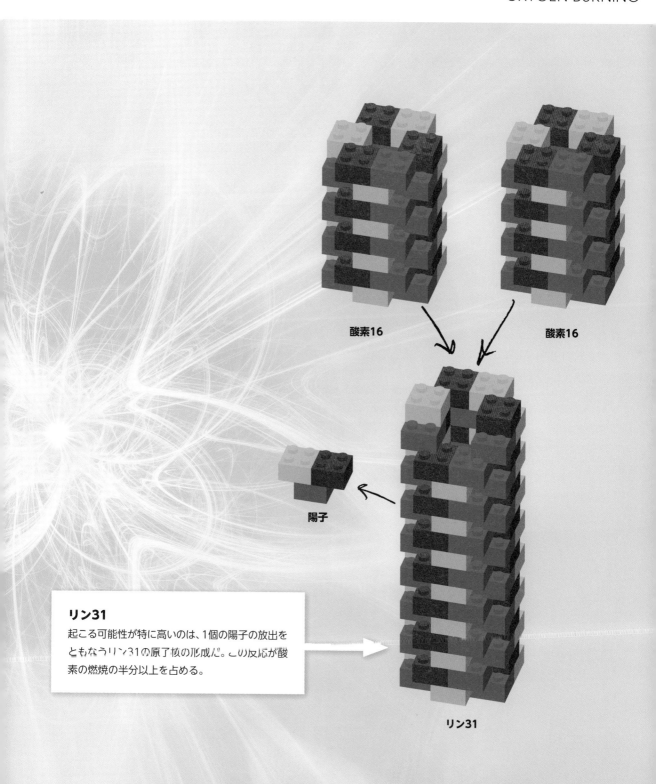

酸素16

酸素16

陽子

リン31
起こる可能性が特に高いのは、1個の陽子の放出を
ともなうリン31の原子核の形成だ。この反応が酸
素の燃焼の半分以上を占める。

リン31

高エネルギーの光によって原子核が分解すると、それによって生じたヘリウム4が核融合の燃料になる

ケイ素の燃焼

酸素燃焼の勢いが衰えてくると、恒星の中心核にはケイ素28の原子核が豊富になる。中心核は収縮し、その温度は上昇を続けてケイ素の燃焼が起こるほど高温になる。炭素と酸素の燃焼では、核融合が直接起きるのに対して、ケイ素の燃焼はこの二つとは少し違った方法をとる。2個のケイ素28が直接、核融合を起こしてニッケル56ができることはないとは言えないが、それが起きるための状況が十分に整っていないのだ。それどころか、このときの中心核の温度では、光子はきわめて高いエネルギーをもつため、ケイ素28の原子核を「融解」してし

まう。光子はこの融解の各段階で、ヘリウム4をはじき出して原子核を徐々に削り取っていく。

太陽の11倍を超える質量をもつ恒星では、ヘリウム4の原子核は核融合を続けて大きくなっていくことができる。このとき、2個の陽子と2個の中性子がそれぞれの段階で加わっていき、アルゴン36、カルシウム40、チタン44、クロム48、鉄52を経て、最後にニッケル56になる。

ケイ素が「融解」すると、ヘリウム4の原子核にまで分解される。これらのヘリウム4の原子核は別のケイ素28と核融合を起こして、より大きな原子核をつくり出す。この融解反応の連鎖は52〜53ページに示した反応を逆にしたもので、そのおかげで恒星の中心核は再びヘリウム4が豊富になり、初期の頃に起こったアルファ反応が継続する。

新しく生じたヘリウム4との核融合によって、ケイ素28の原子核にそれぞれ2個の陽子と中性子が加わり、まずは硫黄32ができる。

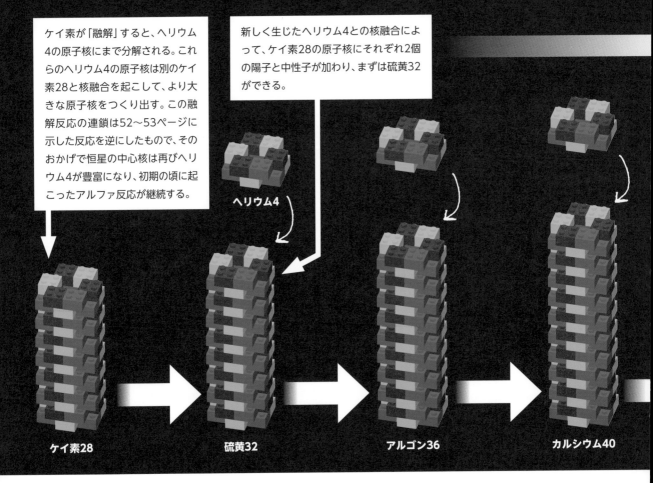

ヘリウム4

ケイ素28　→　硫黄32　→　アルゴン36　→　カルシウム40

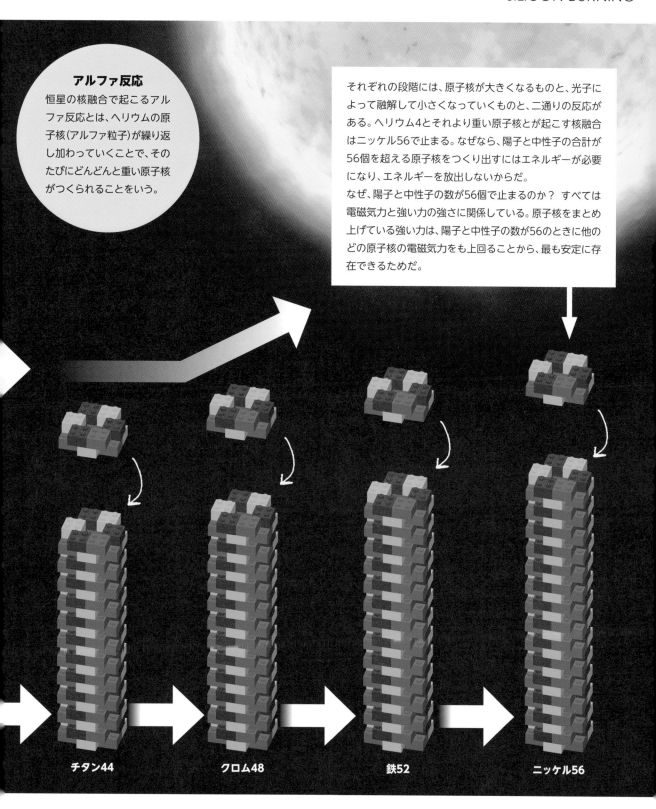

アルファ反応
恒星の核融合で起こるアルファ反応とは、ヘリウムの原子核(アルファ粒子)が繰り返し加わっていくことで、そのたびにどんどんと重い原子核がつくられることをいう。

それぞれの段階には、原子核が大きくなるものと、光子によって融解して小さくなっていくものと、二通りの反応がある。ヘリウム4とそれより重い原子核とが起こす核融合はニッケル56で止まる。なぜなら、陽子と中性子の合計が56個を超える原子核をつくり出すにはエネルギーが必要になり、エネルギーを放出しないからだ。
なぜ、陽子と中性子の数が56個で止まるのか? すべては電磁気力と強い力の強さに関係している。原子核をまとめ上げている強い力は、陽子と中性子の数が56のときに他のどの原子核の電磁気力をも上回ることから、最も安定に存在できるためだ。

チタン44

クロム48

鉄52

ニッケル56

s過程とr過程は中性子の捕獲と陽子の崩壊によって、ニッケル56よりも重い元素を生み出す

重元素

　鉄やニッケルよりも重い、いろいろな元素がつくられるには、核融合とは異なる反応が必要になる。それは、中性子の捕獲だ。原子核が中性子を吸収すると、一部の中性子は崩壊して陽子になる。その過程で、原子核は電子と反電子ニュートリノを放出して新たな元素になる。中性子が原子核に捕獲されるためには、原子核周辺に中性子が高密度で存在しなければならない。

　質量が太陽の10倍以上ある恒星では、中心核に十分な密度の中性子が存在しているが、それでも中性子の捕獲が起こる可能性は非常に小さい。それはつまり、この反応による新しい原子核の生成はきわめて遅いということであり、科学者はこれを「s過程」と呼んでいる。

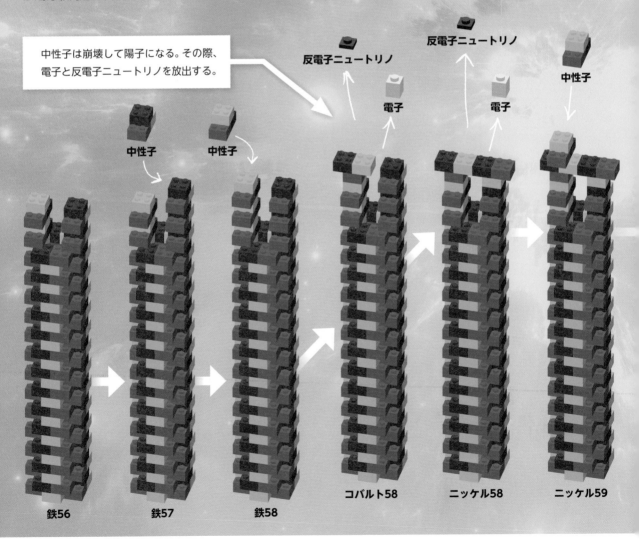

中性子は崩壊して陽子になる。その際、電子と反電子ニュートリノを放出する。

反電子ニュートリノ

反電子ニュートリノ

電子

電子

中性子

中性子

中性子

鉄56　　　　鉄57　　　　鉄58　　　　コバルト58　　　ニッケル58　　　ニッケル59

中性子の捕獲によって、安定な原子核のなかで最も重いビスマス209までの原子核がつくられる。ビスマス209の原子核が生成されるとすぐに、さらに中性子捕獲が起こり、ヘリウム4の原子核と電子、反電子ニュートリノを放出して鉛206に戻り、重い原子核としてはビスマス209で常に終わりとなるサイクルが回り始める。ビスマス209にさらに中性子を加えてもっと大きな原子核をつくるには、中性子の密度を光り輝く恒星の内部よりも高くする必要がある。

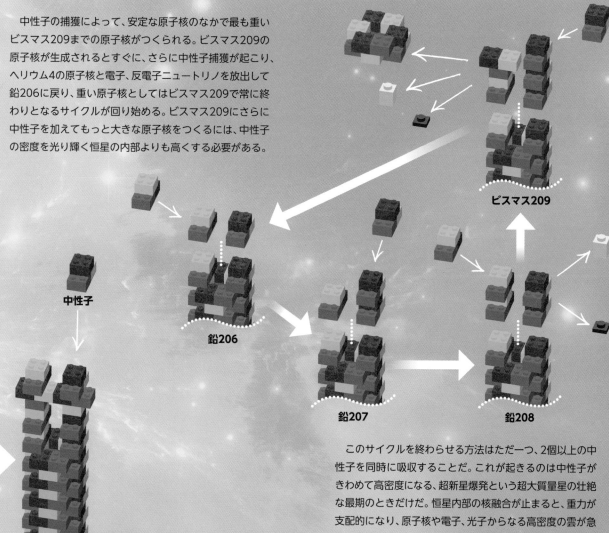

中性子

鉛206

ビスマス209

鉛207

鉛208

ニッケル60

ウラン

ウランは自然界に存在する最も重い元素と言われる（地球上にあるウランはほとんど[99.3％]がウラン238だ）。そう言われるゆえんは、ウランよりも重い原子核は中性子捕獲のr過程によってつくられる可能性はあるものの、これらはすべて寿命が非常に短く、長期間にわたって測定可能な量では存在しないためだ。

このサイクルを終わらせる方法はただ一つ、2個以上の中性子を同時に吸収することだ。これが起きるのは中性子がきわめて高密度になる、超新星爆発という超大質量星の壮絶な最期のときだけだ。恒星内部の核融合が止まると、重力が支配的になり、原子核や電子、光子からなる高密度の雲が急速に中心に向かって落ち込む。すると圧力が高まり、それによってただでさえ高密度な空間にさらに多くの粒子が押し込まれ、原子核はたくさんの中性子を捕獲できるようになる。この死の行進はわずか数分の間に起こり、そのため急速な過程（r過程）と呼ばれる。r過程で起こる中性子捕獲のさまざまな段階で不安定な原子核がつくられるが、崩壊してより軽い原子核に変化する時間はないため、雪の積もった丘を転がる雪玉のように、原子核はたちまち大きくなっていく。このr過程によって、合計270個までの陽子と中性子をもつ原子核がつくられるが、当然、そこには中性子が大量に含まれている。この大量の中性子は、超新星爆発後に密度が減少すると、弱い力のはたらきによって陽子へと変化していく。

物体をどのように変換しても、
元の状態を保つ性質を対称性という

対称性

　この章では、最もなじみのある力について詳しく見ていく。その力とは、荷電粒子の間にはたらく力である電磁気力だ。しかし本題の前に、標準モデルの仕組みについて少し説明する必要がある。さらに、標準モデルによって粒子とその相互作用がどのように説明できるのか、粒子の奇妙な量子的なふるまいがどのように電磁気力を生み出すのかについても説明していこう。

　物理学では、実験方法がどんなに発達しても、私たちが計測する特性は変化しないままだ。一つ例を挙げると、あらゆる粒子の集合体（閉じた系）がもつ全エネルギーは常に保存される。エネルギー量は何かの事象が起きた前と後とで変化することはないのだ。違う言い方をすれば、エネルギーは生み出されたり消えたりすることはなく、単に変換されるだけだ。粒子の集合体について計測可能な保存量には、ほかに運動量がある。運動量とは（少なくとも小さな［光の速度より十分に小さい］速度における）速度と質量の組み合わせだ。当然ながら現実の世界では、ある粒子の集合体と別の粒子の集合体を本当の意味で分離することは難しい。とはいえ、エネルギーや運動量が保存されなかったという観測は未だかつて一度もない。

　優れた数学者のエミー・ネーターはナチス占領後のドイツから逃れ、アメリカに渡ったのち、ほどなくして亡くなった。しかし、彼女が残した功績は不滅だ。ネーターは、エネルギーや運動量、電荷など、自然界に存在するすべての保存される物理量、つまり保存量は、私たちの宇宙に備わる対称性からもたらされることを示した。

質量

アインシュタインの特殊相対性理論は、高校で習うもう一つの保存量——質量——を無視して展開される。質量は物体が光速より十分に遅く移動するときにのみ保存される。しかし素粒子は高速で移動するため、突き詰めていくと、保存されるのはエネルギーで、質量はエネルギーの一つの形でしかなくなる。

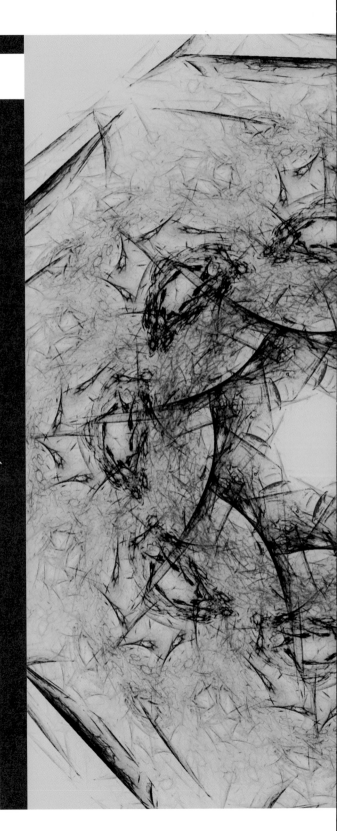

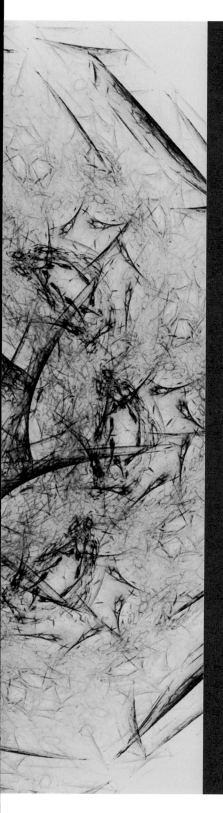

2×2のブロックに見るいろいろな対称性

回転対称: ブロックを90度、180度、270度、360度回転させても、すべて同じもののように見える。

鏡映対称: 図のように、ブロックの内部には鏡映対称になる(仮想的な)平面がある。この平面を鏡としてブロックの半分を反射させると、もとと同じブロックに見える。ブロック全体を鏡に映しても、このブロックは対称だ。つまり、このブロックは鏡映対称である。

1回の変換で対称にならない場合でも、変換を何回か組み合わせることで、最初とまったく同じになることがある。こうした組み合わせは対称性を生み、保存量でもある。これがエミー・ネーターが示したことだ。

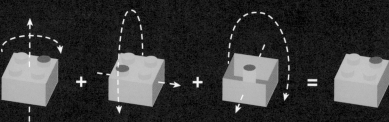

180度回転　　**前後に反転**　　**上下に反転**

　エネルギーは保存される。なぜなら、エネルギーを説明する物理法則はいつでも同じ(このことを時間対称性という)だからだ──同じ物理学の法則が昨日も今日も支配しているのだ。このことから、時間を前に進めても後ろに戻しても、物理学は論理が破綻しないことがうかがえる。一方、運動量が保存されるのは、空間について対称であるためだ。すべての空間は同じように見えるため、物理的な計算をする方向によって運動量に差は出ない。したがって、ロンドンで行なわれた実験はニューヨークで行なわれた実験と結果が正確に同じになると言える。

　突き詰めて言えば、この時間に関する対称性と空間に対する対称性に導かれたアインシュタインによって、エネルギーと質量は光速の2乗という変換係数を介して同じになるという、最も有名な方程式が考案された(32〜33ページを参照)。

電荷は、粒子同士が電磁気力をとおしてどのように相互作用するのかを決める

電荷

空間や時間と同じような対称性が標準モデルの数学に数多く存在している。そして、そうした対称性には保存量が付随する。たとえば、粒子同士の相互作用をとおして保存される電荷は対称性の結果であり、電磁気力とはこの対称性が表われたものだ。電荷には正と負とがあることが、18世紀、ベンジャミン・フランクリンによって発見された。

電荷は粒子に内在する特性で、空間や時間の変化による影響を受けない。電磁気力は一次元の対称性から生じる。これはつまり、あらゆる粒子の電荷は一次元の数直線で表現できるということだ。電子のように負の電荷もあれば、陽子のように正の電荷もあるが、すべての電荷は数直線上のどこかに位置する。

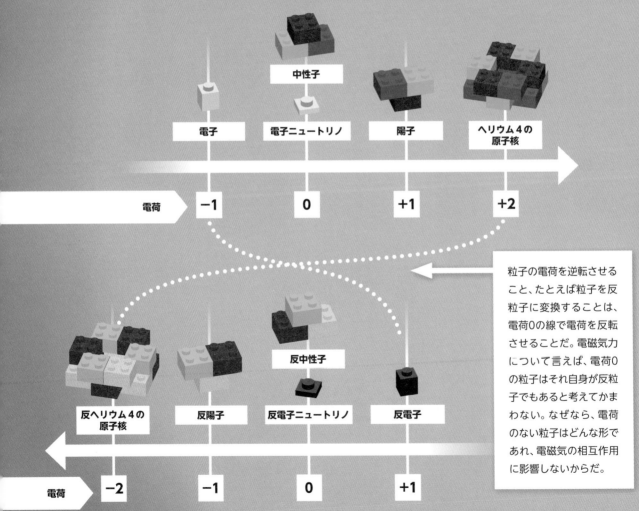

中性子

電子　電子ニュートリノ　陽子　ヘリウム4の原子核

電荷　−1　0　+1　+2

反ヘリウム4の原子核　反陽子　反中性子　反電子ニュートリノ　反電子

電荷　−2　−1　0　+1

粒子の電荷を逆転させること、たとえば粒子を反粒子に変換することは、電荷0の線で電荷を反転させることだ。電磁気力について言えば、電荷0の粒子はそれ自身が反粒子でもあると考えてかまわない。なぜなら、電荷のない粒子はどんな形であれ、電磁気の相互作用に影響しないからだ。

二つの逆の電荷を引き離そうとすることは、雪の積もった谷で二つのそりをそれぞれ反対の丘へ引き上げるようなものだ。二つのそりの位置が高くなると、両者の間の位置エネルギーも増加する。そりが重力に引っぱられて落下するとき、そりはもっている位置エネルギーで速度（運動エネルギー）を増加させる。電荷が他の電荷を引き寄せたり、斥けたりするとき、電荷はその位置エネルギー（ポテンシャル）で加速する。引力や斥力は、荷電粒子が引き上げられる電磁気ポテンシャルの「丘」の形を変えるだけだ。

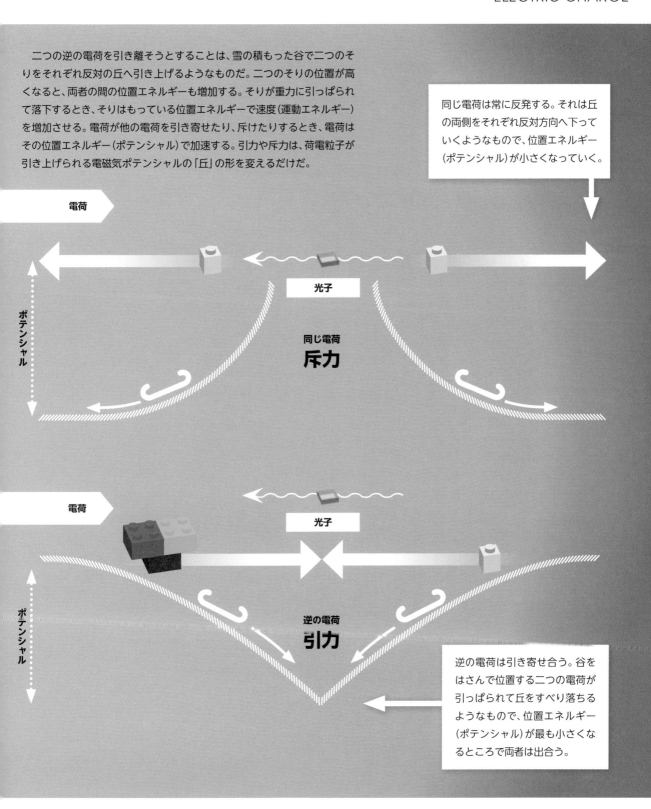

同じ電荷は常に反発する。それは丘の両側をそれぞれ反対方向へ下っていくようなもので、位置エネルギー（ポテンシャル）が小さくなっていく。

電荷

光子

ポテンシャル

同じ電荷
斥力

電荷

光子

ポテンシャル

逆の電荷
引力

逆の電荷は引き寄せ合う。谷をはさんで位置する二つの電荷が引っぱられて丘をすべり落ちるようなもので、位置エネルギー（ポテンシャル）が最も小さくなるところで両者は出合う。

粒子加速器は電場を使って電荷を帯びた粒子を非常に速い速度に加速する

粒子加速器

電位はボルト（V）で計測される。第1章では、1Vの電位差（ポテンシャル）で加速された電子は1エレクトロンボルト（eV）の運動エネルギーを得ると説明した。そりが丘を下って運動エネルギーを得るように、電子はポテンシャルという「丘」を下ることによって、運動エネルギーを得るのだ。丘が高くなれば、その分、運動エネルギーも大きくなる。電子はNボルトの電位差で加速されたとき、Nエレクトロンボルトの運動エネルギーを得る。

0 ボルト

+N ボルト

0 eV のときのエネルギー

N eV の後のエネルギー

ポテンシャル

エネルギーと質量

アインシュタインの特殊相対性理論によると、エネルギーと質量は同じもので、形態が異なるだけだ。質量とは凍ったエネルギーだと考えられる。エネルギーは質量に光速の2乗をかけたもので、逆に質量はエネルギーを光速の2乗で割ったもの。粒子加速器では光速に近い速度まで加速させた粒子同士の衝突によって新しい粒子のシャワーがつくられるが、その質量を生み出しているのは、衝突する粒子に加えられたエネルギーだ。

大型ハドロン衝突型加速器（LHC）は陽子を約6.5 TeVに加速する。そこまで一気に陽子を加速させるには6.5兆 Vを要する。しかし、そんなにも大きな電位は陽子をばらばらにしてしまう。それを避け、約6.5 TeVに加速するためには、ポテンシャルの丘を動かせばいい。丘を下っている間もたえまなく丘が高くなっていれば、決してふもとにたどり着くことはない。ルームランナーでのジョギングに決して終わりが来ないのと同じだ。したがって、電位差を動いている粒子は、常に遠ざかっていくふもとに向かって落ち続けているということになる。粒子が速く動くと、電位差の波も速く動かなければならない。そうでなければ、粒子は落下しなくなり、かわりに丘のふもとに到達してしまうか、ことによっては丘を上って減速してしまうだろう。

加速している電場の波長は、絶えず速度を上げる粒子についていくために、どんどん短くならなければならない。

↑大型ハドロン衝突型加速器は、1周が27キロメートルのシンクロトロン粒子加速器で、粒子を6.5 TeVに加速することができる。

この方法を利用して、ライナック（LINAC）と呼ばれる直線状の装置や環状の装置の中で粒子を加速させることができる。

ライナックでは装置の終端まで粒子が飛べば、それで終わりだ。しかし、磁石を使って粒子の経路を曲げて環状にすれば、サッカー場でのウェーブのように、波を伝播させ続けることができる。粒子のエネルギーに応じて磁場のエネルギーを高くして波を加速させ続けるかぎり、粒子が得るエネルギーもどんどん大きくなっていく。この装置はシンクロトロンと呼ばれるもので、LHCはその一つだ。

シンクロトロン粒子加速器では、粒子の経路は磁石によって曲げられ、環状になる。加速器の中には、高電圧を使って粒子を加速するための電場（加速電場）を発生させる箇所があり、そこで粒子をより高いエネルギーへと押し出し、速度を上げる。

高電圧

テラ

Tはテラという意味で、10^{12}つまり1兆を表わす。

量子的な物体は、物体同士で相互作用する場合はブロックのようなものとしてふるまうが、
両者の間には可能性の場が存在する

量子

光は波ではない。また、ブロックのようにかっちりした粒子として存在しているのでもない。光は波と粒子の両方の性質を合わせもつのだ。このようなふるまいを見せるものを量子という。光が見せる波のようなふるまいは、光子（光の粒子）の運動によって生じる。この奇妙な量子のふるまいが最も際立って現れるのは、2本の細いスリットに光を照射したときだ。いま、2本のスリットに向かって光子を1個ずつ飛ばしたとする。すると、スリットの先に置いたスクリーンに光子はどのような痕跡を残すだろうか？ あなたは、二つの細い隙間からブロックが落ちたときと同じように、スリットの真向かい2カ所に光子が当たり、2本の筋ができると思うかもしれない（下図の左）。しかし、それは違う。実際は、波が2本のスリットを同時に通過したとしか考えられない痕跡が残る。光子がたくさん当たる場所とほとんど当たらない場所がいくつもできるのだ（下図の右）。これは、波がスリットを通るときに互いに干渉し合ってできる、縞模様にそっくりだ。

> 2本のスリットからブロックが落ちたとき、ふつうはこういう結果を予想するだろう。

> 実際にはこうなる。光子が波としてもふるまわなければ、このような結果は起こり得ない。

粒子と光子の運動を記述する場の量子論は、このことを次のように説明する。粒子（ボース粒子またはフェルミ粒子）が生じたとき、粒子はブロックのようなもので、定まった特性、たとえば質量（本書ではブロックの大きさ）などをもっている。しかし、粒子は空間を移動するとき、まったく違ったふるまいをする。場としてふるまうのだ。粒子は実質的に空間全体にわたって広がっており、たとえばA地点とB地点の間では、とり得るすべてのルートを試す。

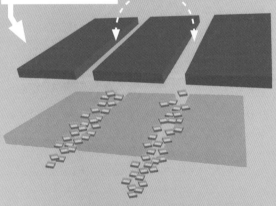

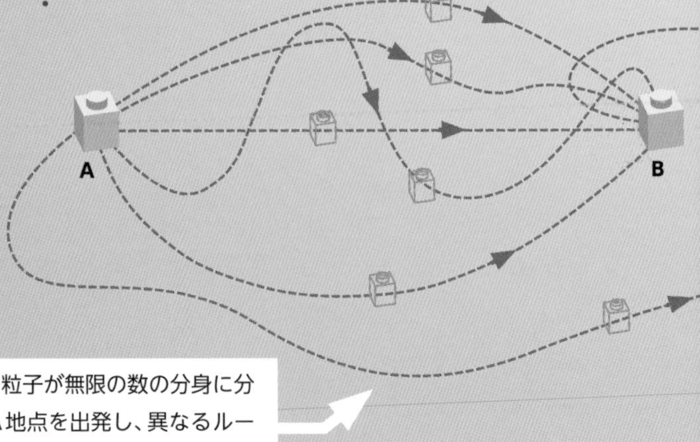

> こんなふうに想像してみよう。1個の粒子が無限の数の分身に分かれる。そして、それぞれの分身はA地点を出発し、異なるルートをとって最終的にB地点に到達すると、互いに情報を交換する。

粒子の歩数計

　では、粒子は何の情報を交換するのか考えてみよう。粒子はそれぞれ内部に自分だけ
の歩数計をもつと考えるとうまくいく。ふつう歩数計といえば、目標を設定して、毎日
の歩行距離を達成するために使用される。ただし粒子の歩数計は、腕につけるしゃれた
デジタル歩数計ではなく、歩数を刻むアナログ時計のようなものだと考えよう。
〔ここでは、歩数計の針が1周すると目標の歩数を歩いたことになると考える〕

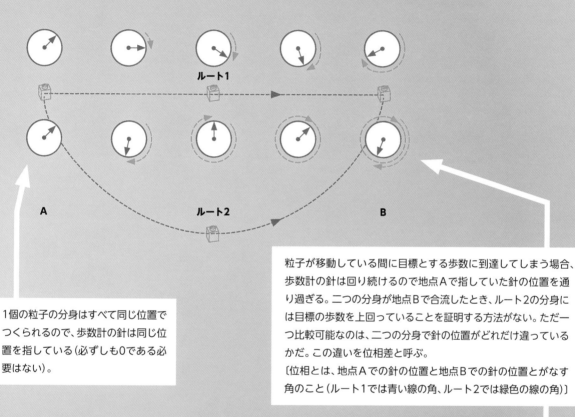

1個の粒子の分身はすべて同じ位置で
つくられるので、歩数計の針は同じ位
置を指している(必ずしも0である必
要はない)。

粒子が移動している間に目標とする歩数に到達してしまう場合、
歩数計の針は回り続けるので地点Aで指していた針の位置を通
り過ぎる。二つの分身が地点Bで合流したとき、ルート2の分身に
は目標の歩数を上回っていることを証明する方法がない。ただ一
つ比較可能なのは、二つの分身で針の位置がどれだけ違っている
かだ。この違いを位相差と呼ぶ。
〔位相とは、地点Aでの針の位置と地点Bでの針の位置とがなす
角のこと(ルート1では青い線の角、ルート2では緑色の線の角)〕

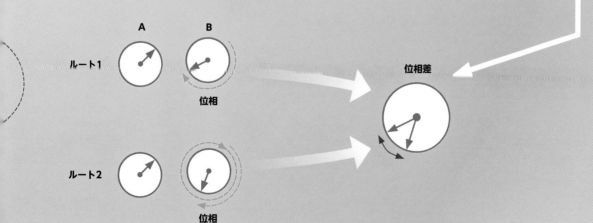

二つの粒子に内蔵された歩数計の比較によって、それらが相互作用する確率が決まる

相互作用する量子場

　一つの粒子がスリットの先のスクリーンのどの地点に到達するかを確実に予測することはできない。わかるのはその確率だけだ。一つの粒子がとる可能性のあるすべてのルートの位相を考慮すれば、地点Aから地点Bへと粒子が移動する確率を求めることができる。ルートの間の位相差が小さければ小さいほど（位相が一致に近づけば近づくほど）、粒子がそこに移動する確率は高くなる。一方、反対の位相同士はその中間の位相ごと完全に打ち消し合い、可能性はすっかり消えてしまう。地点Aから移動し得る到達点（C, D, E, F……Zなど）をすべて考慮すると、場と呼ばれる物理量を求めることができる。場とは、下の図で言えば、ブロックが載っているスクリーン上に粒子が多く観測されるか、少なく観測されるか、その可能性の全分布である。しかし、粒子がどこに到達したかを知ることができるのは、実際に到達した地点を計測したときのみだ。

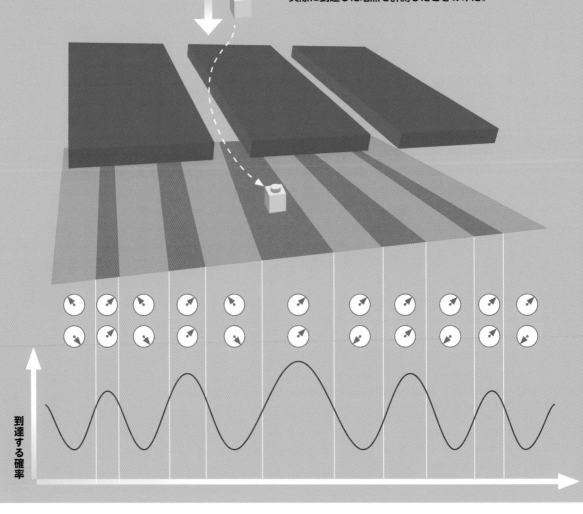

1個の粒子が特定の経路をとる確率、つまり、二つの歩数計が示す位相差ならいつでも計測できるが、その粒子の歩数計を直接読み取ることではできない。これは、ストップウォッチで時間の経過を計測することはできるが、時刻を知ることはできないのと似ている。粒子の歩数計が初めに示した値が何であろうと、同じふるまいをするタイプの粒子がある。この粒子は歩数計が最初に示した値に対して対称だ。

二つの粒子が出合うとき、粒子は歩数計を比較する。これらの粒子が相互作用する確率は、最初あるいは最後の時点での歩数計の値には関係がなく、それぞれがある経路をたどってそこまで移動した時点での値の変化に関係する。もし、二つの粒子で歩数計の値が同じ分だけ変化していたら、それらの粒子は相互作用した可能性が高くなる。

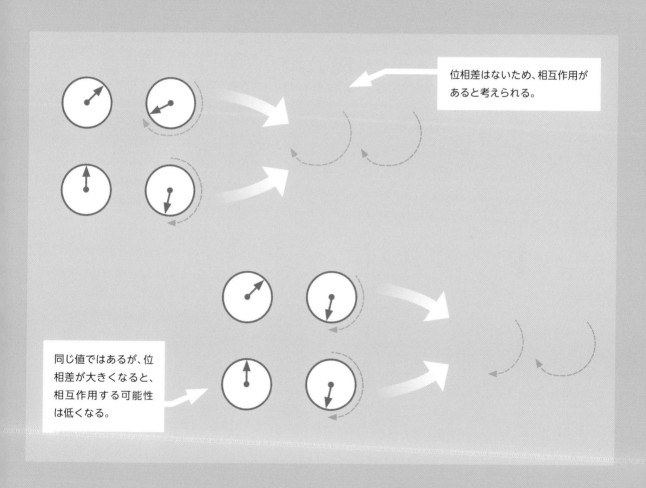

位相差はないため、相互作用があると考えられる。

同じ値ではあるが、位相差が大きくなると、相互作用する可能性は低くなる。

この位相の比較には、粒子同士がコミュニケーションをとることが必要になる。つまり、互いの値がどれだけ変化したかを計算するためには、粒子は互いの歩数計の値を知らなければならない。そうすれば、位相差と、粒子が相互作用する確率が決まる。

粒子の歩数計が初めに示していた値は電磁場を通じて伝達され、もし相互作用が起これば光子が交換される。ここで見た粒子内部の歩数計同士の間に見られる対称性は電磁気力に付随する対称性だ。

ファインマン・ダイアグラムは粒子同士の相互作用を記述する

ファインマン・ダイアグラム

　素粒子物理学者に素粒子物理学を説明してほしいと頼めば、ほどなくあなたはファインマン・ダイアグラムを目にすることになる。これは手書き風の簡素な図でありながら、粒子間の相互作用を表わす専門的な手法だ。強力な数学的ツールと言ってもいい。このダイアグラムの名前はその発案者にちなんで付けられた。ノーベル物理学賞受賞者で、ボンゴを演奏した、ミステリアスなアメリカの物理学者リチャード・ファインマン、その人だ。ファインマン・ダイアグラムは、粒子がとり得る経路や相互作用の概要を示すもので、たとえば次のように単純なつくりで描かれている。

　下のダイアグラムは、入射する電子が電磁相互作用する中で光子を放出して、空間を異なる方向へ移動する様子を描いている。なお、電荷をもつすべてのフェルミ粒子は、これと同じように光子と相互作用できるが、電荷が0のニュートリノは電磁気力を運ぶ光子と相互作用できない。

直線はフェルミ粒子を表わし、矢印で方向を示す。

ブロックはフェルミ粒子の種類を示す（標準的なファインマン・ダイアグラムでは記号が使われる）。

縦方向の軸は空間での粒子の位置を示す。

これらの線が交わる地点を結節点と言い、ここで交換が起こる。

波線は力を伝えるボース粒子を示す（この例では光子）。

横方向の軸は時間の経過を示し、左が古い時間で、右に行くほど時間が進む。

　電子がダイアグラムの結節点で光子を放出または吸収する確率は、結合定数によって示される。電磁気力に関係するこの定数は1/137である。結合定数は作用する力の強さを決め、定数の値は予測されるものではなく、実験で直接計測される。

1/137

全体の確率 ＝ 1/137

ブロックを投げたとき、上向きに着地する確率は1/2だ。2回連続で投げたときブロックの向きのパターンは$2^2＝4$通りあるため、2回とも上向きに着地する確率は$(1/2)^2＝1/4$に低下する。

さらにもう一度ブロックを投げて、3回とも上向きに着地する確率は、$(1/2)^3＝1/8$とさらに低くなる。

電磁気力

電磁気力は、電気による力と磁気による力が結びついた力である。運動している電荷は磁場を生じる（これが電磁石の原理だ）。したがって、磁場は運動している電荷の経路に影響を及ぼす。

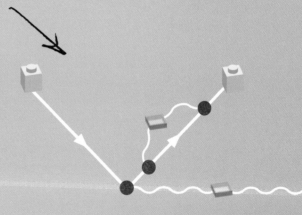

上向き－上向き
上向き－下向き
下向き－上向き
下向き－下向き

閉じたダイアグラム

電子から始まり、電子と光子で終わるファインマン・ダイアグラムは、違う形に描くこともできる。しかしこのダイアグラムには、結節点が1個ではなく3個になり、二つの結節点でそれぞれ1個の光子が放出され、一つの結節点では1個の光子が吸収される。つまり、1個の光子はループの中で放出されて吸収されるのだ。

それぞれの結節点で電磁気力の相互作用が起こる可能性は1/137なので、3個の結節点で相互作用が起こる可能性は$(1/137)^3＝1/2,571,353$となる。放射や吸収される光子の数が増えれば増えるほど、そうしたことが起こる可能性は小さくなる。

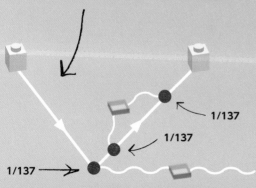

1/137
1/137
1/137

全体の確率 ＝ $1/137^3$ ＝ 1/2,571,353

閉じたダイアグラムが生じる可能性はほとんどないため、これがもっと複雑になることはない。そのため、ダイアグラムは最も基本的な樹状のもので、任意の粒子が入射したり放出されたりする可能性が最も高い。本書でも以降は、基本的な樹状ダイアグラムにのみ注目する。

対称性を利用して新たなファインマン・ダイアグラムを生み出すことができる

対称性とファインマン・ダイアグラム

エネルギーと運動量が保存されることから、それらは時間と空間に対して対称性をもつ。そのため、時間または空間のどちらについても、ファインマン・ダイアグラムの中では線の方向を気にする必要はない。結節点を中心に線を回転させてもかまわないのだ。しかし、このルールには一つだけ例外があり、それ

は結節点の左右片側にすべての線を配置することだ。そのようなダイアグラムは、許されないエネルギーの生成や消滅が起こることになってしまう！ 物事には必ず始まりと終わりが必要なのだ。

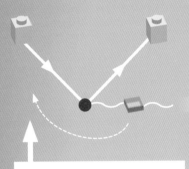
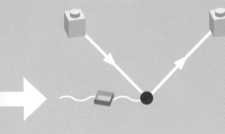

光子のみを回転させれば、電子が光子を吸収することになり、その結果、光子の方向が変わる。

このダイアグラムは自然界の法則によって禁じられる。なぜなら、何もないところから粒子(電子、反電子、光子)が生じることを示しているためだ。

反物質

結節点を中心に両方の電子の線を回転させると奇妙な状況になり、フェルミ粒子の線が時間を逆方向に指し示すことになってしまう。このような奇妙な出来事は、ポール・ディラックが量子力学と特殊相対性理論を結びつけたときに発見された。もちろん、これは物質の粒子がタイムトラベルしているというので

はなく、実際には反物質であることを示している。時間を逆行しているように見えるフェルミ粒子の線は、実際には時間を順行している反フェルミ粒子を表わしている。下の図では反電子を示している。電子、反電子のそれぞれが電磁気力を介して光子と相互作用するという点で、これは対称だ。

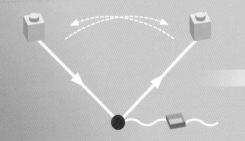
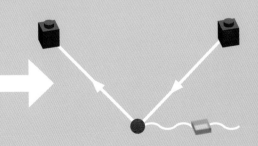

対消滅

　電子を時間の後ろから前（横軸の左側）へ回転させると、電子と反電子が出合って光子ができるダイアグラムになる。これは許される相互作用であり、多くの物質－反物質のペアがこの運命をたどった——対消滅だ。粒子と対応する反粒子とが出合えば、必ず互いを消滅させ合って、ボース粒子の形をとる純粋なエネルギーを生み出す。

対称性

対称性とは、何らかの変換を行なっても、その物が変わらないままであることをいう。なじみ深いのは回転や反転をしても形が変わらないというものだが、対称性は標準モデルの数学の中にも存在する。

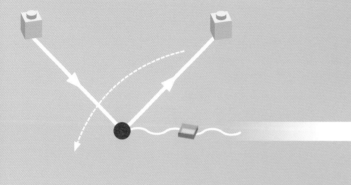

対生成

　また先ほどの電子と光子をともに結節点のまわりで回転させれば、光子が電子と反電子を生み出すダイアグラムができる。これは対生成というボース粒子によるまっとうな反応で、生み出されたエネルギーによってフェルミ粒子がつくられる。もちろ

ん、この相互作用は、光子が $E = mc^2$ に従って両方の粒子の質量を生成できるだけのエネルギーをもっているときにのみ可能だ。E（エネルギー）と m（質量）の変換レートは c^2（光速の2乗）で、大量のエネルギーからわずかな質量しか生じない。

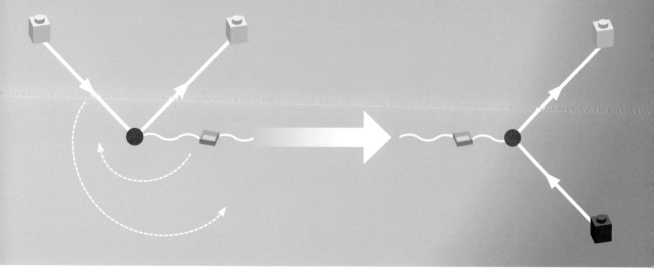

素粒子は周りの物質との電磁気的な相互作用を通じて検出される

素粒子を検出する

素粒子はあまりにも小さいため、私たちが身の周りの世界を光で見ているようにはそれらを見ることはできない。素粒子を識別できるほど、光の波長は短くないのだ。私たちがプラスチックのブロックを見ることができるのは、無数の光子がブロックの表面で散乱し、私たちの目に届くためだ。

小さな構造を識別するためには、それに向かってより小さなものを照射する必要がある。ところが、素粒子はその性質上、それより小さなものがない。ではどうすれば、素粒子を識別できるのだろうか？ 従来のやり方では見ることはできない。そこで、原子の中で素粒子の周りを運動している電子との電磁気的な相互作用から、素粒子の存在を推測するのだ。

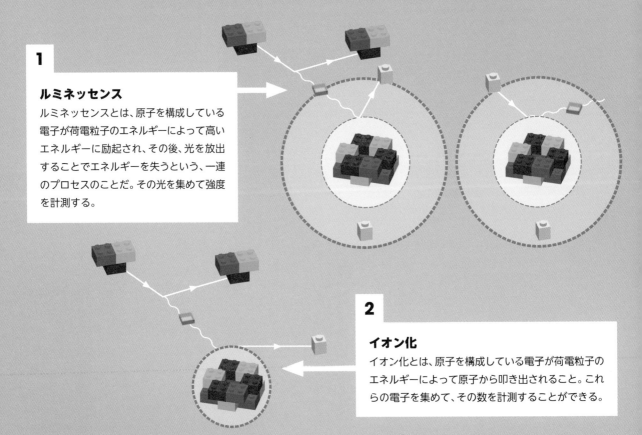

1

ルミネッセンス
ルミネッセンスとは、原子を構成している電子が荷電粒子のエネルギーによって高いエネルギーに励起され、その後、光を放出することでエネルギーを失うという、一連のプロセスのことだ。その光を集めて強度を計測する。

2

イオン化
イオン化とは、原子を構成している電子が荷電粒子のエネルギーによって原子から叩き出されること。これらの電子を集めて、その数を計測することができる。

ルミネッセンスで放出された光やイオン化で放出された電子を検出することで、その電子がたった今まで存在していた場所の様子を描くことができる。それは、モーターボートの後方にできる波紋や航空機のエンジンの後ろにできる飛行機雲からその存在を認識するのに似ている。集められた光の量や電子の数から、それらの粒子のエネルギーについて情報が得られるのだ。

ニュートリノと中性子

ニュートリノや中性子などの電気的に中性な粒子を直接的に観測するのはさらに難しいが、またしても観測できる方法が二つだけある。

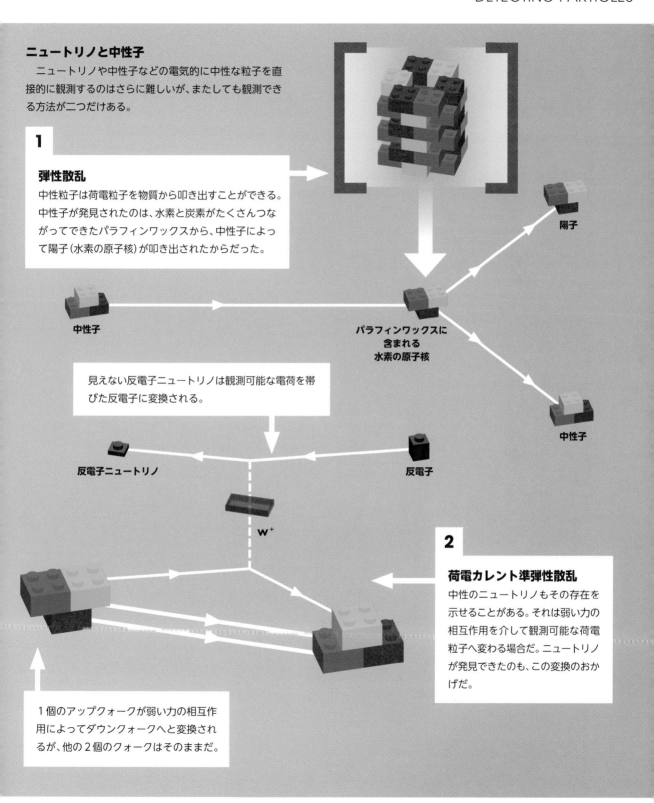

1

弾性散乱

中性粒子は荷電粒子を物質から叩き出すことができる。中性子が発見されたのは、水素と炭素がたくさんつながってできたパラフィンワックスから、中性子によって陽子（水素の原子核）が叩き出されたからだった。

陽子

中性子

パラフィンワックスに含まれる水素の原子核

中性子

見えない反電子ニュートリノは観測可能な電荷を帯びた反電子に変換される。

反電子ニュートリノ

反電子

W⁺

2

荷電カレント準弾性散乱

中性のニュートリノもその存在を示せることがある。それは弱い力の相互作用を介して観測可能な荷電粒子へ変わる場合だ。ニュートリノが発見できたのも、この変換のおかげだ。

1個のアップクォークが弱い力の相互作用によってダウンクォークへと変換されるが、他の2個のクォークはそのままだ。

電荷を帯びた粒子は水蒸気に衝撃を与え、液滴を生じさせたり光を放出させたりするため、
目で確認できるようになる

霧と泡の箱

コーラのボトルにミントタブレットを入れて中身を勢いよく噴き出させたことがあるだろうか？ コーラには通常よりもはるかに大量の二酸化炭素が溶け込み、過飽和と呼ばれる状態になっているため、溶けている二酸化炭素はコーラから出ようとする。しかし、なんらかのきっかけ（ここではミントタブレット）があるまで、二酸化炭素は溶液に溶けたままだ。

初期の素粒子物理学の検出器は、これと同じ原理を利用していた。ただし過飽和溶液（あるときはビールが試されたが）のかわりに、超低温（凝固点を下回る温度）の蒸気か、超高温（沸点を上回る温度）の液体が用いられた。もし荷電粒子がこうした蒸気や液体に飛び込めば、その結果生じるイオン化によって引き金が引かれて、超低温の蒸気は液滴になり、超高温の液体は蒸気になる。飛び込んできた粒子はその移動経路に沿って周辺の原子をイオン化させ続けるため、イオン化によって生じた明確な軌跡を写真に撮影することができるのだ。この検出器はそれぞれ霧箱と泡箱と呼ばれる。この拡大版が、自然に発生する宇宙線や加速器で加速された粒子を検出するのに利用された。

チェレンコフ放射

アインシュタインの特殊相対性理論が明確にしたのは、真空中を光より速く移動するものはないということだ。光は通過する物質によっては速度が遅くなるが、それは原子を構成する電子との相互作用によって速度が落ちるからだ。

そのため物質中であれば、物理法則に反することなく荷電粒子が光よりも速く移動できる。そのようなことが起きるとき、チェレンコフ放射として知られる光が放出される。これは光版ソニックブームだ（ソニックブームでは、音速障壁を破ったときに大きな爆発音が聞こえる）。

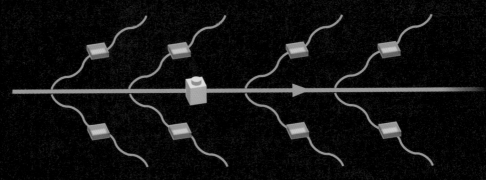

エネルギーは同じだが質量の異なった粒子の場合、軽い粒子の方が重い粒子より速く移動する。たとえば、同じ力でゴルフボールとサッカーボールを投げたとすると、ゴルフボールの方が速い速度で手から離れていく。もし同じエネルギーをもつ粒子がある物質に向けられたとすると、質量の小さい粒子はチェレンコフ放射を生じるほど速く移動する一方で、質量の大きな

粒子は速度が遅すぎるためにチェレンコフ放射が起きず気づかれないまま、ということが起きる。したがって媒体となる物質を注意深く選べば、特定の粒子だけがチェレンコフ放射を起こす検出器を作ることができる。このチェレンコフ計数管によって、特定の粒子を正確に計測することができるのだ。

↓荷電粒子が通過したとき、泡箱の中の超高温の液体は気体の泡へと状態を変える。下の写真に示されているのは、形成された泡の周辺でイオン化された原子によって描かれた痕跡だ。粒子が箱の中を移動したときの粒子の軌跡の曲率とエネルギーの損失を計測することによって、粒子のエネルギーや運動量、質量を計測することができ、新たに生じた大量の粒子を発見できるのだ。

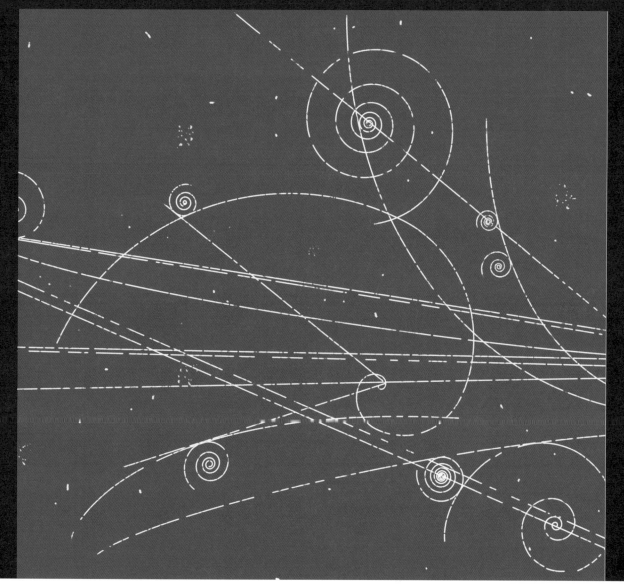

現代の粒子検出器はすべての種類の粒子を検出できるよう、
タマネギのような多層構造をした装置のそれぞれの層に異なる技術が応用されている

現代の粒子検出器

粒子加速器に使われる検出器はどんどん巨大化している。それは、粒子の衝突によって散らばる莫大な数にのぼるエネルギーの破片を受け止められるようにするためだ。現在、最大で

最先端の検出器はCERNにある大型ハドロン衝突型加速器だ。CERNはあらゆる科学技術を結集して、タマネギに似た多層構造の装置をつくりあげた。

ミュー粒子追跡装置
見えれば、ミュー粒子

ミュー粒子は強い力を感じず、しかも電磁カロリメータを通り抜けられるほどの重さがある。したがって、たいていは検出器からまっすぐ外へと飛び出していく。この層では、ミュー粒子が検出器から出ていくとき、その最後の一瞬の様子を捉える。ただし、この層の検出器の解像度は中心部のものよりも低い。

見えなければ、ニュートリノ

ニュートリノは電荷をもたず、弱い力を通じてきわめてまれにしか相互作用しないため、まったく「見る」ことができない。そのため、ニュートリノの存在は計算によって予測される。つまり、運動量が保存されるという想定のもと、もし運動量が少しでも失われたなら、それはニュートリノが持ち去ったものと考えるのだ。

カロリメータでは、$E = mc^2$ に従って、粒子がもつ莫大なエネルギーは種々の粒子（粒子のシャワー）に変わる。新しい粒子はエネルギーがそれほど大きくないため検出器で十分に捉えることができる。それらのエネルギーを足し合わせれば、もともとの粒子がもっていたエネルギーを知ることができる。

ハドロンカロリメータでは、クォークでできているハドロンのエネルギーを計測する。強い力がはたらく結果、ハドロンから粒子のシャワーが生成される。

ハドロンカロリメータ
見えれば、陽子や中性子などのハドロン

見えなければ、ニュートリノかミュー粒子

電磁カロリメータでは、電子や光子は変換され、新しく光子や電子や反電子が生み出される、電磁気で捉えられる粒子のシャワーになる。

電磁カロリメータ
見えれば、電子か光子

見えなければ、ニュートリノかミュー粒子かハドロン

内部軌跡検出器
見えれば、電荷を帯びた粒子

見えなければ、電気的に中性な粒子

内部軌跡検出器は、デジタルカメラの高機能版だ。小さなピクセルの中でイオン化された電子を集めることによって、荷電粒子が通過した軌跡を数千も描画する。この装置は1メートルの数百万分の一の精度で粒子の軌跡を検出する。

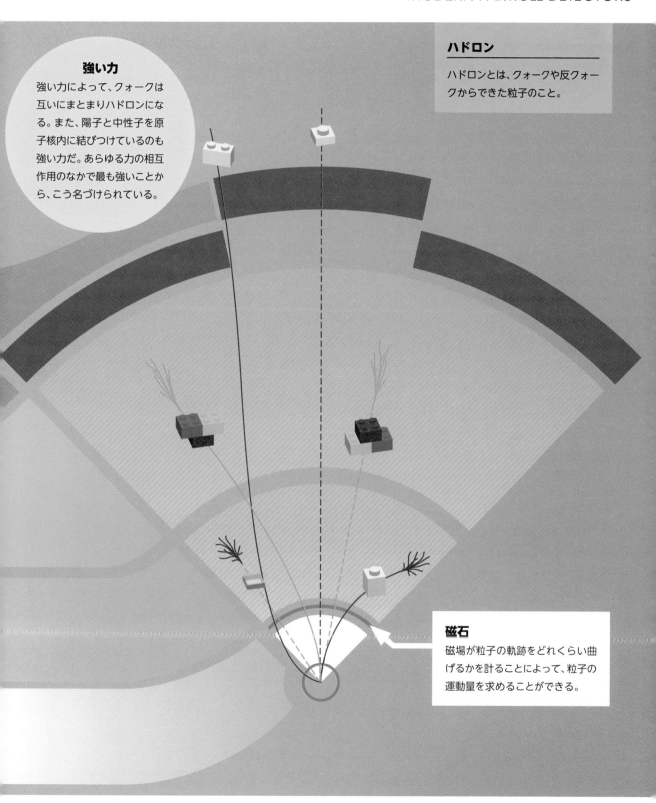

強い力

強い力によって、クォークは互いにまとまりハドロンになる。また、陽子と中性子を原子核内に結びつけているのも強い力だ。あらゆる力の相互作用のなかで最も強いことから、こう名づけられている。

ハドロン

ハドロンとは、クォークや反クォークからできた粒子のこと。

磁石

磁場が粒子の軌跡をどれくらい曲げるかを計ることによって、粒子の運動量を求めることができる。

粒子の質量は、磁場の中での動きや、物質中を移動するときに失うエネルギーから求めることができる

質量の計測

　ある物体の質量を求めるには、粒子のエネルギーとその運動量の二つを計測しなければならない。粒子のエネルギーは前のページで説明したカロリメータで測定されることが多い。

運動量

　動いている粒子の運動量は、粒子の経路が磁場でどのくらい曲げられるかということから計測される。

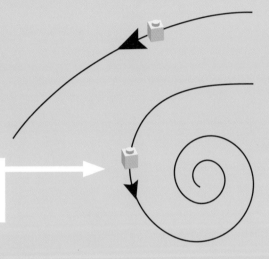

運動量の大きい粒子の場合、その経路は少ししか曲がらない。

運動量の小さい粒子の場合、その経路の曲がり具合はきつくなる。

電荷

　粒子がどのくらいのエネルギーをもっているのかがわからなければ、それが速く動く質量の小さな粒子なのか、遅く動く質量の大きな粒子なのか、見分けがつきにくい。また、粒子の電荷についても考慮に入れる必要がある。正の電荷を帯びた粒子と、負の電荷を帯びた粒子とでは曲がる方向が反対になる。

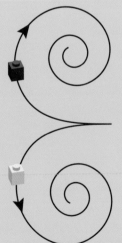

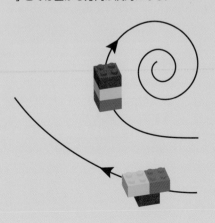

電荷

粒子の電荷によって、磁場の中で粒子同士がどのように相互作用するかが決まる。粒子の電荷は正か負のいずれかであり、逆の電荷であれば引き合い、同じであれば反発する。

　そして、粒子の電荷が大きければ大きいほど、磁場の中で曲がり具合はきつくなる(曲率が大きい)。ほとんどの粒子(電子や陽子など)は単電荷であるため、ふつうはプラスあるいはマイナスの単電荷を仮定する。

制動放射

粒子の質量を決定する方法はほかにもある。それは初期の実験で使われていたもので、荷電粒子が物体を通過するときに放射される光を調べるという方法だ。粒子が原子のそばを通過するとき、その動きは原子の電位から影響を受ける。それはたとえると、粒子が転がり落ちる丘があるようなものだ。その粒子は進む方向を変え、それと同時に光子を放出してエネルギーを失う。この放出された光は制動放射と呼ばれる。軽い粒子ほど進路が変わりやすく、より多く放射線を出し、急速にエネルギーを失う。

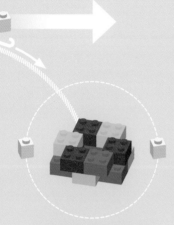

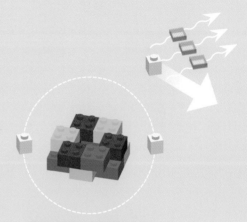

電子が物質付近を通過する前　　　　　　　　**電子が物質付近を通過した後**

質量の大きな粒子は、制動放射が少ないため、失うエネルギーが少ない。制動放射のわずかな値を計測することで、宇宙線に含まれる重いミュー粒子が見つかった。これが最初の第2世代の素粒子の発見だった（88〜89ページを参照）。

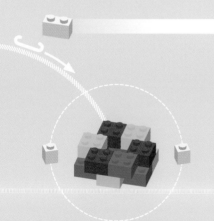

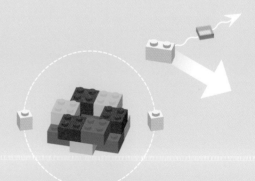

ミュー粒子が物質付近を通過する前　　　　**ミュー粒子が物質付近を通過した後**

荷電粒子の経路が電場や磁場によって変化すると、必ず放射線が放出される。そのため、シンクロトロンを周回する加速粒子はエネルギーを失っていく。これは、素粒子をさらに高いエネルギーまで加速させようとするときには主な制限要因になる。しかしシンクロトロンからの放射光には優れた利用法があり、物質や生体組織の構造を知るためにこの放射光を利用している施設（日本のSPring-8など）もある。

素粒子が原子の一部になるか、力を伝えるメッセンジャーになるかは、スピンによって決まる

量子スピン

磁場の中で荷電粒子は偏向を示すこと〔荷電粒子の軌跡が変わること（82ページ参照）〕から、荷電粒子は小さな磁石のようにふるまうという考え方が提唱された。荷電粒子の磁気的なふるまいは、電気を帯びた回転するボールにとてもよく似ている。しかし、小さな回転するボールというたとえには限界がある。

もし、荷電粒子が観測されている磁場をつくっているとしたら、荷電粒子は光速よりも速く回転しなければならなくなってしまうのだ。

1922年、ドイツの科学者であるオットー・シュテルンとヴァルター・ゲルラッハは、強い磁場を通り過ぎたあとの銀原子の偏向について研究した。原子の回転がボールのようなものであれば、原子とつくり出された磁極はランダムな方向を向くはずだ。シュテルンとゲルラッハの実験では、原子の到達部分にランダムに偏向した原子が広がっているのが示されるはずである。

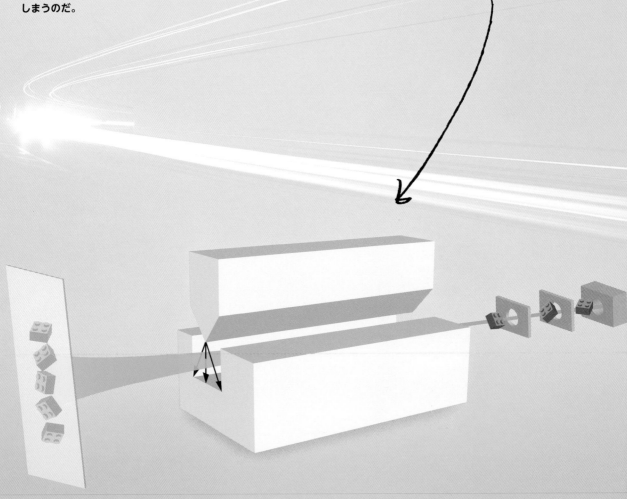

ところが、原子は同じ量だけ上または下に偏向し、全然ランダムではなかった。ここからわかったのは、原子の磁極（量子力学でいう原子の「スピン」）は、スピンに対して二つの量子化された値しかとれないということで、空間における粒子の方向に無関係だということだった。この量子スピンは粒子や原子の内部特性としか考えられなかった。

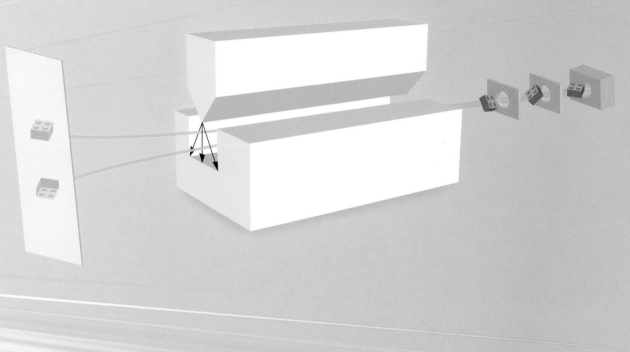

高速道路を時速100キロメートルの速さで走る2台の車が、一方は北向きに、もう一方は南向きに進んでいれば、この2台の車は最終的にはまったく異なる場所にたどり着く。この2台を区別するために、速さだけでなく進行方向も含む概念である速度に注目しよう。一つの方向を正とすると、一方の車は＋100 km/hで、もう一方の車は−100 km/hとなる。

粒子の場合、種類が異なればスピンがとる値（絶対値）も異なり、フェルミ粒子は1/2、ヒッグスボソンは0、他のすべてのボース粒子は1だ。車の速度のように、粒子のスピンはその方向によって1ずつ違った値をとり得る。

それはつまり、あらゆるフェルミ粒子がとるスピンの値は＋1/2か−1/2のどちらかということだ。しかし、ヒッグスボソンのスピンの値は0しかとれない。

他のボース粒子は＋1、0、−1の三つの方向のなかから一つの値をとることができる。車のたとえ話では、プラスとマイナスは意味が通るが、0はどうなるのだろうか？ こう考えよう。もし、私たちの乗っている車がもう一つの別の車と同じ方向に、同じ速さで移動していたとする。私たちからすれば、その車は北にも南にも移動してないように見えるだろうし、速度も私たちの車と比べればゼロになる。これがスピン0のボース粒子に相当する状況だ。ただし、質量のない光子やグルーオンはスピン0にはならない。なぜなら、〔相対性理論によると〕光速で移動する光子やグルーオンから見ると、他の光子やグルーオンはやはり光速で移動するからだ。

放射性元素をきっかけに、科学者たちは原子よりも小さな世界へ足を踏み入れた

放射能

　放射能とは、原子が放射線を出して別の種類の原子に変化する性質のことを言い、マリー・キュリーによって名づけられた。放射線には三つの種類があり、それぞれギリシャ文字の最初の3文字 α、β、γ から名づけられた。

↑マリー・キュリーは核物理学を創始した主要な科学者だ。キュリーは存命中に研究成果の重要性を認められた数少ない女性科学者のひとりで、1903年にノーベル物理学賞、1911年には同化学賞を受賞した。

アルファ線

　アルファ（α）線とは、重元素の原子核から大量に放出されるヘリウム4の原子核の流れだ。ヘリウムの原子核は大きく、正の電荷を二つもつため、物質を通り抜けるときにエネルギーを失いやすく、たいてい紙一枚で止められるほど物を透過する力は弱い。ヘリウム4の原子核が関わる太陽内部の核融合反応であるアルファ反応（50～51ページ）の名前はここから来ている。アルファ線を放出することによって、重元素は質量を大幅に減らしてより軽い元素に変わり、多くの場合はより安定になる。そのため、アルファ崩壊はウランやそれより重い元素で主に見られ、一方でテクネチウムのような比較的軽い原子ではベータ崩壊による変化が見られる。

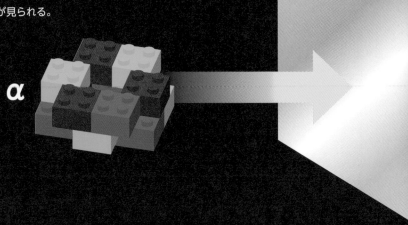

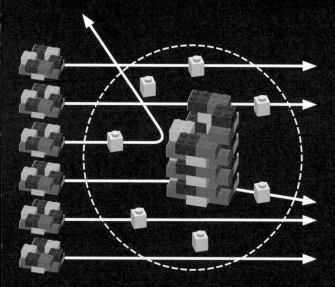

アルファ線は、ハンス・ガイガーとアーネスト・マースデンが原子核を発見するのに役立った。薄い金箔に向かってアルファ線を照射すると、一部のアルファ粒子が最初に放射された方向に戻ってくることがわかったのだ。そんな反射は、原子内部に正電荷を帯びた高密度な領域——原子核——が存在していなければ、説明できない。

ベータ線

ベータ（β）線はアルファ線よりも透過力が強く紙を通り抜けられるが、薄い金属箔を突き抜けることはできない。ベータ線の正体は、高速で移動している電子の流れであることがわかっている。ベータ線は原子核の中性子が陽子に変わったときに放射される。詳しい説明は第5章まで待ってほしい。

ガンマ線

ガンマ（γ）線は最も透過力の強い放射線で、高エネルギーの光子でできており、遮蔽するには厚さ数センチの鉛の板が必要だ。ガンマ線は原子核の中で陽子や中性子がより安定な配置に再構成されたときに放射される。

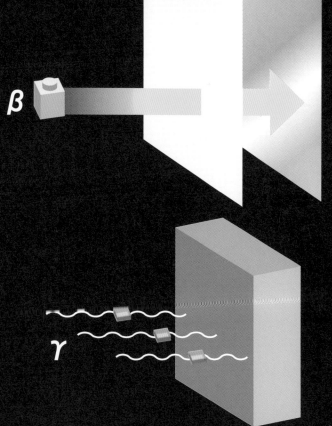

ミュー粒子は質量が大きいこと以外は電子に似ている。
電子に反粒子の反電子があるように反ミュー粒子も存在する

反電子とミュー粒子

　1930年代、素粒子物理学者たちの関心は空へ、そして私たちに降り注ぐ高エネルギーの宇宙線に向かい始めた（94〜95ページ）。風変わりな素粒子が多数発見されたなかで、ふるまいがまったく異なる素粒子が二つあった。一つは発展を続ける素粒子

理論の数学によって予言されていたもので、この発見から新しい種類の粒子が確認された。しかし、もう一つはまったく思いがけないもので、誰もが唖然とした。それは、自然界を構成する基本要素の数を変えてしまった。

反電子（陽電子）

　反電子は、量子的粒子を記述するポール・ディラックの方程式によって予言され、アメリカのカール・D・アンダーソンによって宇宙線の中から発見された。アンダーソンは霧箱の周辺に磁石を置き、電子と同じ質量をもつ粒子が、負電荷の粒子が曲がると予測される方向とは反対側に曲がるのを観測したのだ。この粒子が反電子であり、正の電荷をもつことがわかった。反電子の質量は、金属板を通過するときに出る制動放射によって粒子が失うエネルギーの量から求められた。粒子はエネルギーを失った後、減速するにつれて曲がる度合いが大きくなるのだ。

制動放射

制動放射は、粒子の経路が原子の近くで変わるときに放射される光である。どんな粒子でも、物質の近くを通過するときには制動放射が起きる。粒子の質量が軽いほど制動放射の量は大きくなり、エネルギーを失うのも早くなる。

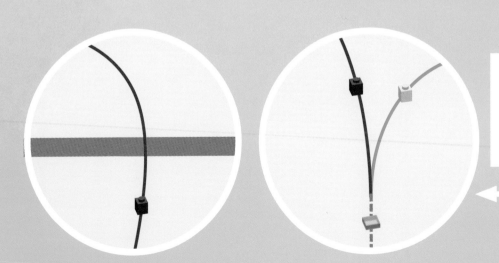

反電子の発見からほどなく、電子と反電子は対になって、見えない光子によって生成されることが観測された。

ミュー粒子

その後、アンダーソンと同僚のセス・ネッダーマイヤーは、金属板を通過してもそれほどエネルギーを失わない新しい粒子を観測した。理論物理学者たちはこの新しい粒子を説明することができず、「赤や緑」タイプの電子が存在するなどという、やけくそその解決策にすがった。

しかし、ついにこの粒子はまったく新しい粒子──ミュー粒子──であることが明らかになった。ミュー粒子は透過性が高く、電子よりもはるかに質量が大きいため、制動放射によってあまりエネルギーを失わない。さらに正の電荷を帯びた反ミュー粒子も宇宙線の中から見つかった。

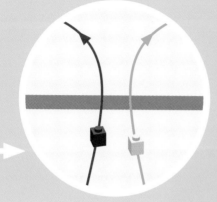

電子が金属板を透過するとエネルギーを失うため、その経路は大きく曲がる。

ミュー粒子の経路は金属板を透過した後もそれほどカーブしない。これはつまり、ミュー粒子があまりエネルギーを失っていないということだ。

今、ミュー粒子は質量の大きな、電子の仲間であることがわかっている。その質量は105 MeV/c^{2}と電子の約206倍にも達する。素粒子物理学者たちが、すべての物質は陽子と中性子と電子からできているときれいにまとめた途端、ミュー粒子が登場した。このまったく予期せぬ発見に対して、ノーベル賞受賞者イジドール・イザーク・ラービは「誰がこんなものを頼んだんだ？」と叫んだという。

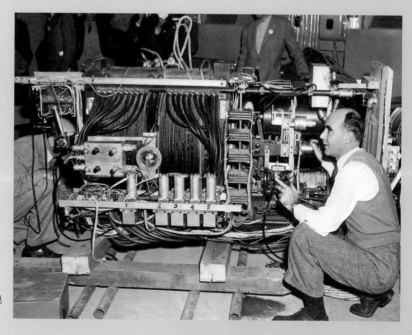

➡ カール・D・アンダーソンが反電子の発見に用いられた霧箱を披露している。

電磁気と量子電磁気学（QED）のまとめ

光子はどこまでも届くため、電磁気力は粒子を観測し認識する手がかりとなる。

電磁気力を通じて、電気
的に反対の電荷をもつ粒
子同士は互いに引き合い、
同じ電荷をもつ粒子同士
は互いに斥け合う。

斥力　　　　　　　　　　　　　　　　引力

電気的に中性の原子は、正の電荷を
もつ陽子とそれを取り巻く負の電荷
をもつ電子からできている。原子を
構成する陽子と電子の数は同じだ。

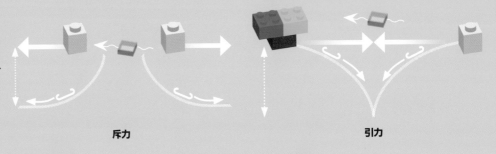

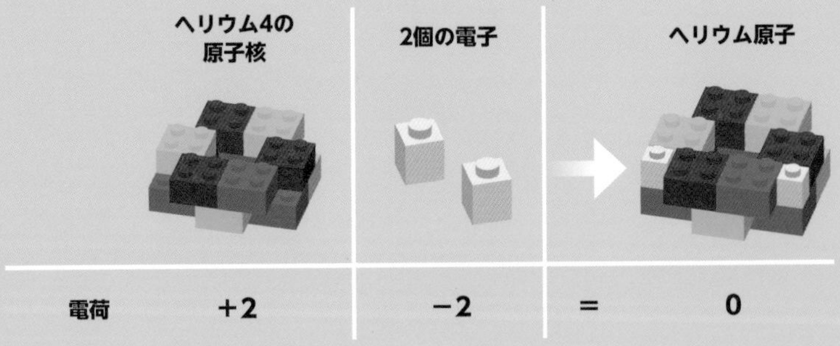

	ヘリウム4の原子核	2個の電子		ヘリウム原子
電荷	＋2	−2	＝	0

電磁気力は電荷をもった粒子間で光子
によって交換される。すべての粒子の
相互作用はファインマン・ダイアグラム
と呼ばれる図で表わすことができる。

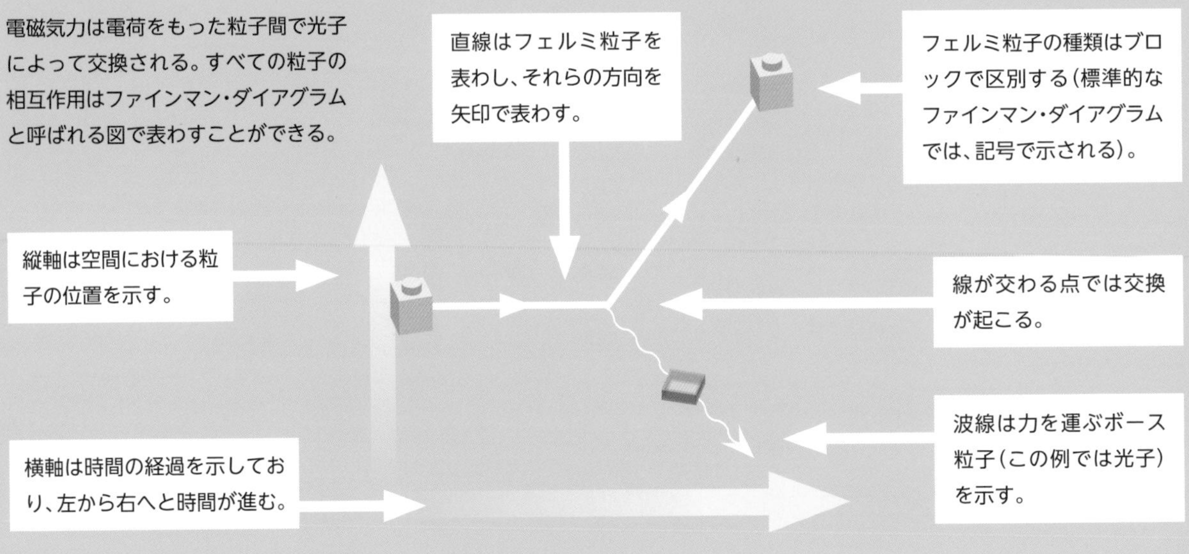

直線はフェルミ粒子を
表わし、それらの方向を
矢印で表わす。

フェルミ粒子の種類はブロックで区別する（標準的なファインマン・ダイアグラムでは、記号で示される）。

縦軸は空間における粒
子の位置を示す。

線が交わる点では交換
が起こる。

横軸は時間の経過を示してお
り、左から右へと時間が進む。

波線は力を運ぶボース
粒子（この例では光子）
を示す。

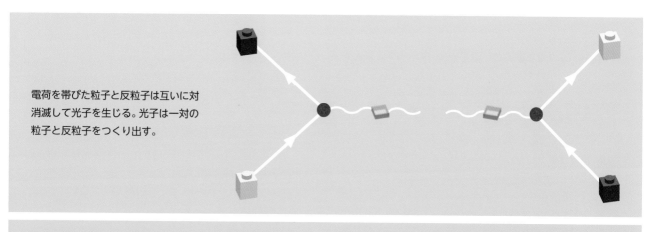

電荷を帯びた粒子と反粒子は互いに対
消滅して光子を生じる。光子は一対の
粒子と反粒子をつくり出す。

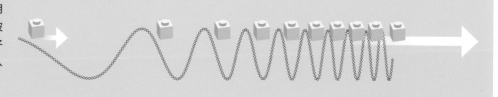

引力と斥力を効果的に利用
した電磁ポテンシャルの波
にのせて、電荷をもつ粒子
を高いエネルギーの状態へ
と加速することができる。

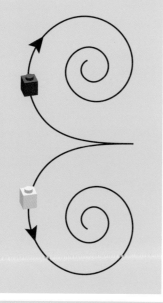

電荷をもつすべての粒子は
磁場によって偏向を受ける。
電荷が異なると偏向する方
向は反対になる。

粒子は原子核に引き寄せられたり、斥けられたりして加速す
ると、制動放射と呼ばれる光を放出する。粒子が軽ければ加
速度はより大きくなり、制動放射による光の放出によって失
われるエネルギーも大きくなる。

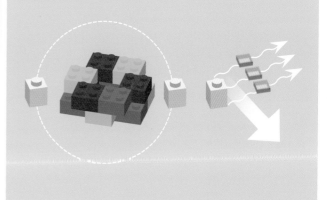

素粒子はある場所から別の場所へと移動するとき、ブロックと
はまったく異なるふるまいをするが、その理由は粒子の場合、移
動するにつれ、その内部の歩数計が動くためだ。電磁気力は光

子内部の歩数計同士の間の対称性によってもたらされる。これ
はつまり、粒子にとって歩数計の初期値は重要ではなく、相対
的な変化のみが重要だということだ。

中間子は強い力を運んで、陽子を原子核の中にまとめる

湯川の中間子 ── パイ中間子

強い力が存在しなければ、原子核は（ということは原子も）存在できない──正の電荷をもつ陽子は互いに反発してバラバラになってしまうだろう。この章では、強い力によって互いに結びついている粒子をすべて見ていく。本章を読めば、私たちの周りにあるすべての物質の挙動に強い力がどのような影響を及ぼしているのかがわかるだろう。1935年に日本の湯川秀樹は、電磁気力を交換する粒子が光子であるのと同じように、陽子と中性子の間で強い力を交換する粒子が原子核内部に存在するはずだと予測した。

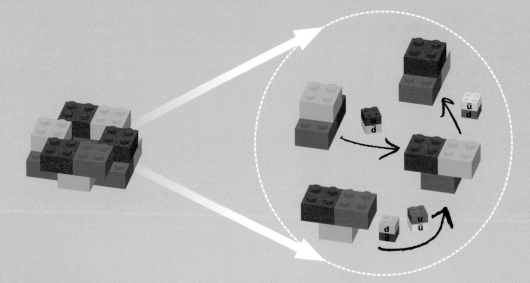

本書のブロックによるモデルでは、陽子と中性子を結びつけるのはブロックのスタッド（ポッチ）だ。実際の原子核内では、中間子と呼ばれる湯川が予測した粒子の交換によって結びついている。

湯川はギリシャ語で「中間」を意味する「メソン」にちなんで名づけたが、それはこの粒子が軽い電子と重い陽子の間の質量をもつと予想したからだ。しかし現在では、中間子という言葉はクォークと反クォークの対でできた、あらゆる粒子を表わすのに使われる。

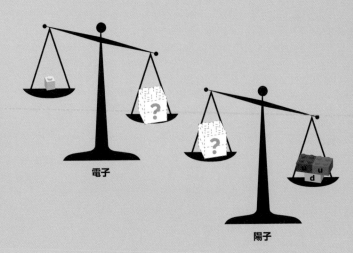

電子

陽子

これらの中間子のなかで最初に発見されたのは、のちにパイ中間子と名づけられたもので、これはギリシャ文字のπで表わされる。発見されたとき、パイ中間子は反ミュー粒子へ崩壊したため、パイ中間子の方がわずかに質量が大きいことがわかった。

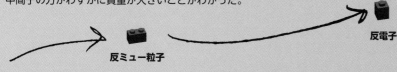

反ミュー粒子　　　　　　　　　　　　　　　　反電子

パイ中間子が陽子と中性子の間で交換されるとき、陽子と中性子は混ざり合って、陽子は中性子に、あるいはその逆へと変換されるが、全体の個数は変わらない。この変換にはいくつか方法がある。

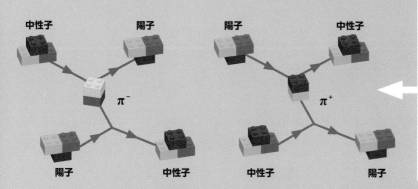

中性子　　　　　　陽子　　　　　　　　陽子　　　　　　中性子

π⁻　　　　　　　　　　　　　　　　　　π⁺

陽子　　　　　　中性子　　　　　　中性子　　　　　　陽子

中性子を陽子に変換する場合、正の電荷をもつ陽子とつり合うように、パイ中間子は負の電荷を一つ取り去らなければならないので、その担い手をπ^-とする。反対に、正の電荷をもつ反粒子のπ^+を考えることもできる。変換の前後どちらも陽子と中性子はそれぞれ一つずつで、そのため原子核に変化はないことに注意しよう。

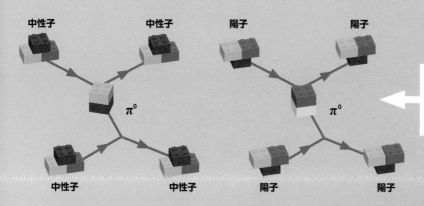

中性子　　　　　　中性子　　　　　　陽子　　　　　　陽子

π⁰　　　　　　　　　　　　　　　　　　π⁰

中性子　　　　　　中性子　　　　　　陽子　　　　　　陽子

この変換では、粒子は変わらないが、強い力は交換される。このときのパイ中間子は電気的に中性（π^0）である。

電気的に中性なパイ中間子（π^0）の存在を確認するには、粒子加速器の登場を待つ必要があった。実験では、対になった光子を数え、そのエネルギーを足し合わせて光子の発生源である粒子の質量を計算した。パイ中間子の質量はπ^+とπ^-が140 MeV/c²、π^0が135 MeV/c²と、予言されたとおり、確かに0.511 MeV/c²の電子と938 MeV/c²の陽子との間だった。

宇宙線は高エネルギー天体から地球に届く

宇宙放射線

　湯川の中間子や、さらに他のエキゾチックな粒子の発見は、それ以前の原子核のときと同じように、新しく見つかった放射線のおかげだった。1912年にオーストリアのヴィクトール・ヘスは気球に乗って上空に上がった際、高度が上がるにつれて放射線量が増加することを明らかにした。宇宙からやってくる放射線が発見されたのだ。私たちの頭上数キロメートルのところでつくられた高エネルギー粒子のシャワーが、毎秒、私たちに降り注いでいる（空気シャワーと呼ばれる）。空気シャワーは、粒子が大気中の原子核と相互作用して大量のエネルギーを交換するときに生み出される。この過程で次々と起こる一連の崩壊のなかで、大量の興味深い粒子が新たにつくり出されるのだ。

　科学者たちは宇宙線をとおして、高エネルギーにおける自然を初めて知った。現在でも宇宙線からは、大型ハドロン衝突型加速器の能力をはるかに超える、最も高いエネルギー状態だった宇宙について、さまざまな洞察を得ることができる。また、宇宙線は四六時中、私たちのDNAを傷つけており、細胞がそれを修復しない限りガンの要因の一つになることからも、宇宙線について理解することは重要だ。宇宙線を完全に避けることはできず、飛行機の客室乗務員やパイロットのように高い高度で長い時間過ごす人々は発ガンのリスクが高くなる。それは、ヴィクトール・ヘスが1912年に観測したように、高高度では宇宙線の線量が高くなるからだ。

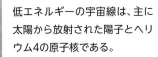

低エネルギーの宇宙線は、主に太陽から放射された陽子とヘリウム4の原子核である。

エネルギーの高い宇宙線の起源については現在も議論が続いている。その大部分は超大質量星やブラックホールの合体によって生じたものと考えられている。一部の陽子は、プロテニス選手が打ったサーブと同等のエネルギーを保持しているのが観測されている。高エネルギーの宇宙線と低エネルギーの宇宙線は、下の図のようなシャワーを生み出す。

高層大気に衝突する宇宙線の90％は陽子で、9％はヘリウム4の原子核だ。それより重い元素の原子核はわずか1％にすぎない。大気中の気体の原子核と衝突した宇宙線のエネルギー(E)は $E = mc^2$ の関係に従って質量(m)に変換されて、いろいろな物質が生成される。

これらの奇妙な粒子は重く不安定で、地上付近ではめったにできない。こうした粒子の大部分はミュー粒子（質量が大きいこと以外は電子とそっくりな粒子）などのより軽い粒子へと崩壊する。

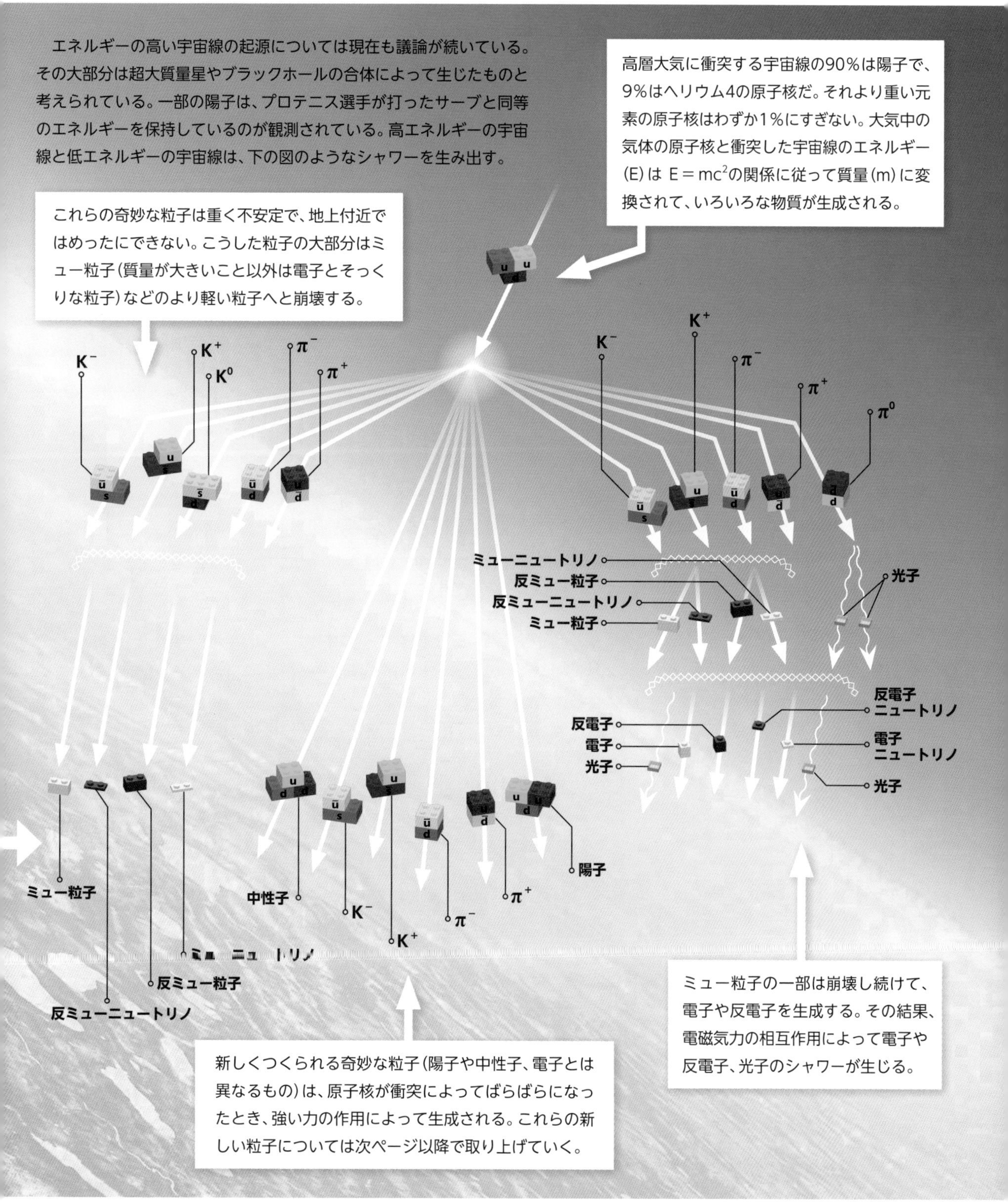

K⁻ K⁺ K⁰ π⁻ π⁺
K⁻ K⁺ π⁻ π⁺ π⁰

ミューニュートリノ
反ミュー粒子
反ミューニュートリノ
ミュー粒子
光子

反電子
電子
光子

反電子ニュートリノ
電子ニュートリノ
光子

ミュー粒子
中性子
K⁻
K⁺
π⁻
π⁺
陽子
反ミュー粒子
反ミューニュートリノ
ミューニュートリノ

新しくつくられる奇妙な粒子（陽子や中性子、電子とは異なるもの）は、原子核が衝突によってばらばらになったとき、強い力の作用によって生成される。これらの新しい粒子については次ページ以降で取り上げていく。

ミュー粒子の一部は崩壊し続けて、電子や反電子を生成する。その結果、電磁気力の相互作用によって電子や反電子、光子のシャワーが生じる。

宇宙線には、ハイペロンをはじめ、さらに多くの中間子が見つかる

多様な中間子と重いハイペロン

　パイ中間子に加え、他の中間子も宇宙線の中から発見された。これらの中間子は他の粒子にはない非常に奇妙なふるまいを見せる。タウ中間子、カッパ中間子、オメガ中間子がほぼ同じ質量をもつことがわかり、ひいてはそれぞれがK中間子（略してケイオンともいう）という一つの粒子の異なる状態であることが明らかになった。

この粒子は制動放射によってそれほどエネルギーを失うことなく、鉛の板を通り抜ける（第3章を参照のこと）。ここから、この粒子によって電子ではなく、反ミュー粒子がつくられることがわかる。

パイ中間子と同じように、K中間子には正の電荷をもつものと負の電荷をもつものが存在する。これらは互いに反物質の関係にあり、初めて観測されたのは反ミュー粒子へと崩壊するという性質によってである。

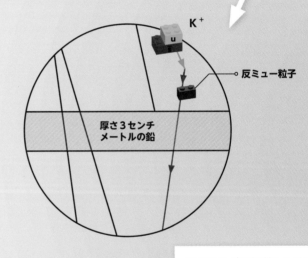

反ミュー粒子

厚さ3センチメートルの鉛

K^-　　K^+

K^0　　$\overline{K}^0$

それ自身が反物質となる中性のパイ中間子とは異なり、中性のK中間子には、K^0と$\overline{K}^0$の2種類がある。この二つは崩壊のしかたの違いを通して識別された（詳しくは後で解説する）。

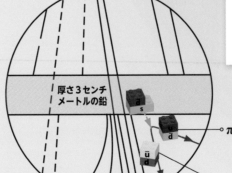

厚さ3センチメートルの鉛

π^+

π^-

ハイペロン

K中間子は必ずそれよりずっと重い他の粒子と組になって生成されるのが観測されていた。それらはハイペロンと名づけられた。というのも、最重量のタイトルホルダーだった核子（陽子と中性子）を上回る「ハイパーな」質量をもっていたからだ。粒子には伝統的にギリシャ文字で名前がつけられる。電気的に中性のラムダハイペロン（Λ⁰）には、反物質に相当するパートナー粒子が存在しない。

Σ⁻

Σ⁰

Σ⁺

シグマハイペロンには、1個の正の電荷をもつΣ⁺、1個の負の電荷をもつΣ⁻、電気的に中性なΣ⁰がある。

ストレンジネス

電荷のない光子から電子と反電子が対で生成される（つまり電荷が保存される）のとちょうど同じように、理論物理学者のマレー・ゲルマンと西島和彦は新しい保存量が存在するに違いないと考えた。この新しい保存量はストレンジネスと呼ばれる。ストレンジネスはハイペロンとK中間子の生成で保存されるが、それはハイペロンが−1、K中間子が+1と逆のストレンジネスをもつからだ。

粒子
（ストレンジネス）

K⁺ (+1)

Λ⁰ (−1)

陽子

Σ⁺ (−1)

K⁰ (+1)

陽子

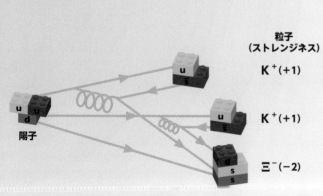

粒子
（ストレンジネス）

K⁺ (+1)

K⁺ (+1)

Ξ⁻ (−2)

陽子

グザイハイペロン（Ξ）は、ラムダハイペロンへ崩壊するため質量がさらに大きく、したがってストレンジネスもさらに大きい。グザイハイペロンは2個のK中間子とともに生じ、負の電荷をもつΞ⁻と中性のΞ⁰の2種類があり、それぞれ−2のストレンジネスをもつ。

読者のみなさんは図をもとに、粒子のストレンジネスはそれに含まれるストレンジクォークまたは反ストレンジクォークの個数に関係があると考えているのではないだろうか。そのとおり。正確には、粒子のストレンジネスは反ストレンジクォークの個数からストレンジクォークの個数を引くことで求められる。

ストレンジネス =
[個数]
−
[個数]

粒子加速器により、反中性子や反陽子をつくり出して、それらを検出できるようになった

反陽子と反中性子

1950年代から60年代にかけて粒子加速器は巨大化し、それまでにない高いエネルギーに粒子を加速できるようになった。米国のローレンス・バークレー国立研究所のベバトロン（数十億eVのシンクロトロン）では、陽子を互いに衝突させる実験が行なわれた。ベバトロンでは反陽子が発見され、その功績によって1959年、エミリオ・セグレとオーウェン・チェンバレンはノーベル物理学賞を受賞した。

反陽子が発見されたということは、反原子が存在する可能性があるということだ。現在CERNでは、反水素原子を生成して捉え、その特性を計測する実験を行なっている。

粒子加速器
粒子加速器は電場を利用して、電荷を帯びた粒子の速度を増加させる装置だ。

陽子

陽子

陽子

反陽子

陽子

陽子

バリオン数　1 ＋ 1 ＝ ＋2

1 ＋ 1 −1 ＋1 ＝ ＋2

反陽子は、二つの陽子が高エネルギーで衝突して、ばらばらになったときに生成される。膨大なエネルギーが新しいクォークと反クォークの質量に変換され、それらが強い力によって結びつけられて新しい粒子と反粒子が形成される。

ファインマン・ダイアグラムと同じように左から右へと時間が経過する。時間を逆行するように見える左向きの矢印は反粒子であることを表わしている。

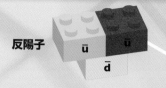

反陽子

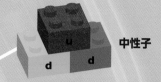

中性子

陽子

バリオン数 － 1 ＋ 1 ＝ 0

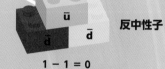

反中性子

1 － 1 ＝ 0

　反陽子の発見からちょうど1年後、ベバトロンでは反陽子に陽子を衝突させることで反中性子が発見された。このことから電子だけでなく、すべての粒子が反粒子のパートナーをもつと考えられる。

　反バリオン〔下記の囲みを参照〕の形成を表わした上の図を見ると、これまでになかった新しい対称性があることに気がつくだろう。すべてのバリオンは＋1のバリオン数（160ページ参照）をもち、すべての反バリオンは－1のバリオン数をもつとすれば、それらの粒子が相互作用した前後で、バリオン数の総和は変わらない。

　強い力、弱い力、電磁気力のどの相互作用でも、バリオン数は保存される。

アイソスピン

　まだ説明していない対称性がほかにもある。アイソスピンだ。アイソスピンは陽子と中性子を一つのペアにまとめる対称性で、湯川秀樹が予測したとおり、強い力はこの二つの粒子を区別しない。アイソスピンの値は数式を介して粒子の量子スピンにのみ関係する。陽子や中性子のアイソスピンは±1/2で、陽子で＋1/2、中性子で－1/2である。これらの値は粒子を構成するアップクォークやダウンクォーク、反クォークの個数をもとにして下の式から計算される。

$$アイソスピン = \frac{1}{2}\left[\,\text{アップクォークの個数} - \text{反アップクォークの個数}\,\right] - \left[\,\text{ダウンクォークの個数} - \text{反ダウンクォークの個数}\,\right]$$

バリオン

陽子と中性子とハイペロンとそれらの反粒子はすべて、レプトンや中間子より重く、まとめてバリオンと呼ばれる。名前の由来はギリシャ語の「重い」を意味する「バリーズ」だ。別の定義では、バリオンは3個のクォークから構成される粒子で、反バリオンは3個の反クォークから構成される粒子だ。一方で中間子は、1個のクォークと1個の反クォークから成る。

次々と新しい粒子が見つかり、大きくなり続ける粒子の動物園に
何らかの規則性があることに物理学者たちは気づいた

規則性の発見と八道説

マレー・ゲルマンによって、ストレンジネスという対称性が明らかにされ、さらに
は粒子の動物園の全体を貫く対称性も発見された。ゲルマンはアイソスピンとスト
レンジネスの考え方を組み合わせて三次元の対称性を考え出したのだ。この対称
性は八道説といい、すでに発見されていた粒子を包含するだけでなく、新しい粒子
の存在も予測した。八道説がきっかけとなって、粒子加速器で発見されたさまざま
な粒子の動物園の基礎をなす構造について理解が進んだ。表面上は、素粒子物理学
はさらに混乱を極めるように思われた。しかし、八道説が示唆していたのは、より
深いところにまだ明らかにされていない単純さが存在しているということだった。

ストレンジネス

粒子のストレンジネスはハ
ドロンに含まれるストレン
ジクォークと反ストレンジ
クォークをもとにした数値
だ。ストレンジネスはストレ
ンジクォークが一つあれば1
を引き、反ストレンジクォー
クが一つあれば1を加える。

既知のバリオンは二つのグループ
に分けてまとめられた。一つはオク
テットと呼ばれる8種類の粒子から
なる集合〔中心にはΣ^0粒子とΛ^0粒
子〕で、もう一つはデカプレットと呼
ばれる10種類の粒子からなる集合だ。
オクテットは陽子と中性子、それに
先ほどまで説明していたハイペロン
で、アイソスピンとストレンジネス
に応じて右の図のように配置された。
各粒子を構成するクォークのうち二
つで、量子スピン〔アイソスピンとは
別もの。84〜85ページ参照〕は反対
の方向を向いており、そのため全体
としては3番目のクォークのスピン
(1/2)をもっている。

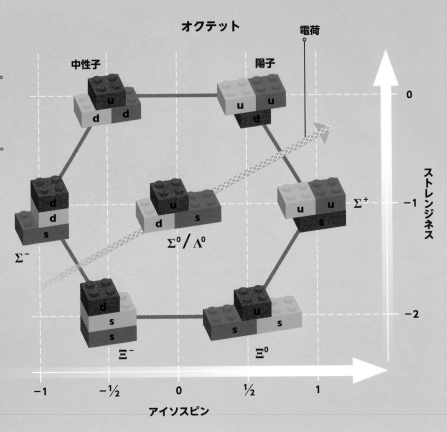

オクテット

中性子 陽子

電荷

Σ^+

Σ^0 / Λ^0

Σ^-

Ξ^- Ξ^0

ストレンジネス

0

−1

−2

−1 −½ 0 ½ 1

アイソスピン

デカプレットは励起された高エネルギー版オクテットである。励起したバリオンでは、クォークの量子スピンはすべて同じ方向を向いており、そのため全体のスピンは1/2+1/2+1/2=3/2になっている〔105ページ参照〕。もし、すべての量子スピンの向きがそろうのなら、同じクォーク三つからなる新しいバリオンが存在できるということになる。

アップクォークとダウンクォークのみでできている核子（中性子と陽子）には、デルタ粒子（Δ）という励起バージョンがある。核子よりも重い粒子であるシグマ（Σ）ハイペロンとグザイ（Ξ）ハイペロンには励起バージョンがあり、それらはアスタリスク（＊）を付けて示す。予測された粒子はオメガマイナス（Ω⁻）という新しいハイペロンで、オメガはこの粒子だけにつけられた名前だ。

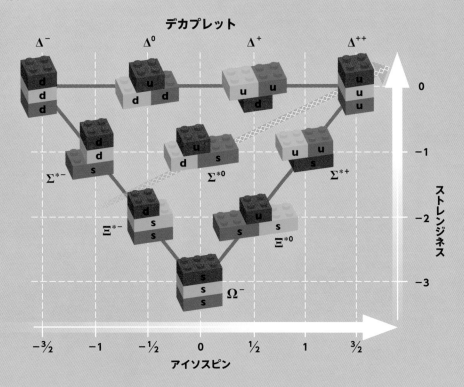

デカプレット

オメガマイナス

デカプレットは粒子の存在を予測するという性質をもつため、魅力的な理論だ。この理論から、負の電荷をもった三重ストレンジクォークからなる粒子の存在（Ω⁻）が予言された。ゲルマンがこの考え方を発表してすぐにその探索が始まり、ほどなくΩ⁻がグザイゼロ（Ξ⁰）と負の電荷をもつパイ中間子（π⁻）に崩壊する様子が観測された。

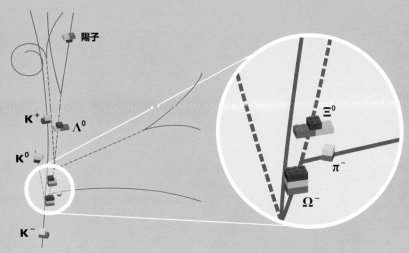

粒子と反粒子との間の対称性によって、すべての粒子に反粒子パートナーが存在することが予測される

反バリオン

反中性子や反陽子の発見によって、レプトンだけでなく、あらゆる粒子が反物質のパートナーをもつことがはっきりした。そしてこの考えを論理的に拡張すれば、スピン1/2のオクテットと励起したスピン3/2のデカプレットにも反バリオンが存在すると考えられる。ハイペロンと反ハイペロンがどのように形成されて崩壊するのかを比較することで、標準モデルを超える道がひらけるかもしれない。粒子と反粒子との間に見られるふるまいの違いからは、新しい物理学が示唆されるのだ。

オクテット

これまでのとおり、反粒子は記号の上に横棒を付けて表わす。反粒子は粒子の鏡像にあたることから予測されるとおり、アイソスピンとストレンジネスの両方が逆になる点に注意しよう。

オクテットの中心には、同じクォークの組み合わせでありながら別個のものである二つの粒子が存在する。85ページで挙げた高速道路上にある車のたとえに沿って説明しよう。ここでは、Λ^0粒子は南北方向に速度0の車で、アイソスピンの大きさは0だ。一方で、Σ^0粒子は動いている車で、アイソスピンの大きさは+1、しかしその速さはΛ^0粒子と一致するとしよう。そうすると、Σ^0粒子にはアイソスピンの大きさがあっても、Λ^0粒子と同じ動きをしていれば方向とアイソスピンの大きさが0のようでもある。これが同じクォークからなる粒子でも、2種類の完全に異なる粒子が観測される理由である。

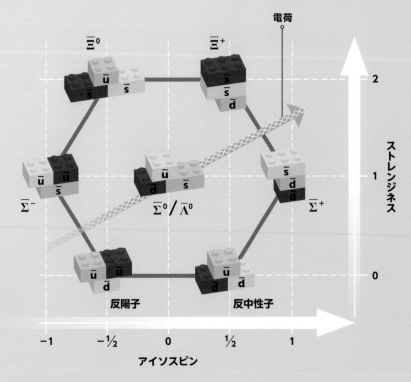

デカプレット

　反バリオンのデカプレットには、3個の反クォークからなる、励起したスピン3/2の粒子のすべてが含まれる。各種の反バリオンはバリオンの鏡像のように反対の電荷をもっている。それは、反バリオンを構成するクォークが正反対の電荷をもっているからだ。反アップクォークは−2/3の電荷をもち、反ダウンクォークと反ストレンジクォークは+1/3の電荷をもつ。

スピン

スピンはすべての粒子がもつ特性である。量子のスピンは抽象的な属性で、歴史的に固体の自転と結びつけられてきたにすぎない。物質を構成するフェルミ粒子のスピンはすべて1/2で、ボース粒子のスピンはすべて整数だ。ボース粒子のうち、ヒッグスボソンはスピン0で、光子とグルーオン、Zボソン、Wボソンはスピン1、そしておそらく重力子はスピン2をもつ。

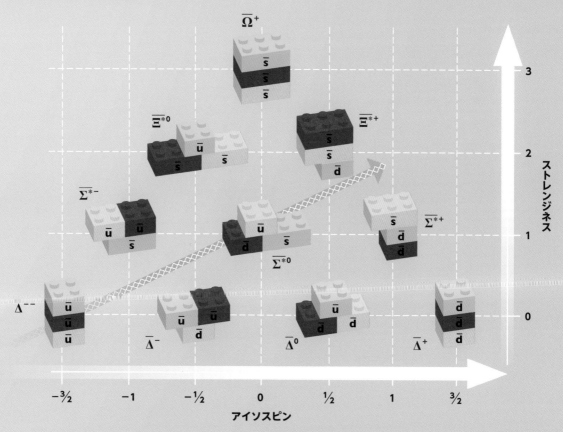

中間子も八道説のパターンに組み込むことができる。そして、励起された中間子が予測され、発見されている

八道説の中の中間子

　中間子もまた、ゲルマンの八道説に組み込むことができ、バリオンと同じようなパターンをつくる。中心にはアップクォーク、ダウンクォーク、ストレンジクォークと、それぞれの反粒子パートナーからなる組み合わせが位置し、これらはすべてアイソスピン、ストレンジネス、電荷が0である。これらの粒子は強い力や電磁気力に対して特異なふるまいを示さないため、強い力や電磁気力では区別できない。

　奇妙な量子力学の世界によって、アップクォーク、ダウンクォーク、ストレンジクォークとその反粒子パートナーは異なる組み合わせで混ざり合って、それぞれ別個の観測可能な粒子になる。基本的なクォークはアップ−反アップ、ダウン−反ダウン、ストレンジ−反ストレンジの対になっている一方で、物理的に

計測できる粒子は、種々のクォークと反クォークがそれぞれ組み合わさっている。

　ほとんど質量が同じである、アップ−反アップ、ダウン−反ダウンは混ざり合って中性のパイ中間子π^0を形成する。このπ^0は、ストレンジと反ストレンジとが二通りの方法で組み合わさった配置もとることができる。この違いによって、異なる質量をもつ2種類の粒子——548 MeV/c²の質量をもつイータ中間子（η）と958 MeV/c²の質量をもつイータプライム中間子（η'）——ができる。

　中間子の生成と崩壊を理解することによって、強い力がどのようにはたらくかについて、より深い洞察が可能になる。また、種類の異なる中間子の混合は（156〜157ページ参照）、粒子と反粒子の間の不均衡——この宇宙の創世物語の根幹——を探索することに直接つながる。

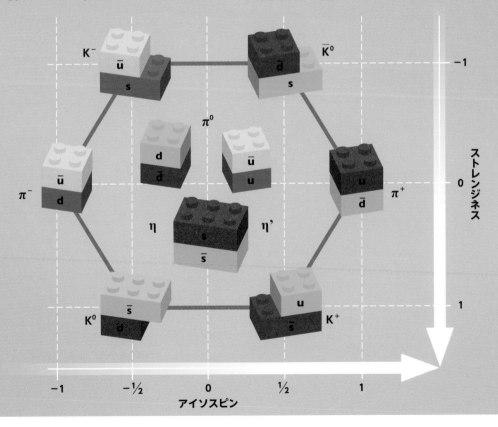

励起共鳴

　バリオンと同じように、中間子にも励起した共鳴のバージョンが存在する。励起したパイ中間子はロー中間子（ρ）で、励起したイータ中間子はオメガ中間子（ω）とファイ中間子（φ）と言い、励起したK中間子（K⁺）はアスタリスクをつけて（K*⁺）と表わされる。バリオンや中間子で、励起したものと励起していないものとの間で異なっているのは、それらを構成しているクォークのスピンの向きだ。

　2個か3個の磁石を、N極を同じ方向に向けて手で押さえて並べると、磁石が反発し合って向きを変えようとする力を感じるだろう。この力が生じている状態はエネルギーの高い状態であり、その状態を維持するには磁石を押さえつける必要がある。もし手を離せば、いずれかの磁石がひっくり返って力は消え、安定な状態になる。

　同じことがバリオンや中間子の内部のクォークでも起こる。もし、すべてのクォークのスピンがそろうと、それらはエネルギーの高い緊張した状態になる。これが励起共鳴であり、こうした緊張状態のエネルギーが大きくなると、それらの質量も大きくなる。何しろ、E＝mc²なのだから。

中間子

湯川秀樹によって予言された中間子は、陽子と電子の中間の質量をもつと考えられた。これはパイ中間子には当てはまるが、すべての中間子に当てはまるわけではなく、そのため現代の定義は湯川が考えたものとはかなり違っている。今は、質量にかかわらず、クォークと反クォークが一つずつ含まれる粒子を中間子と言う。

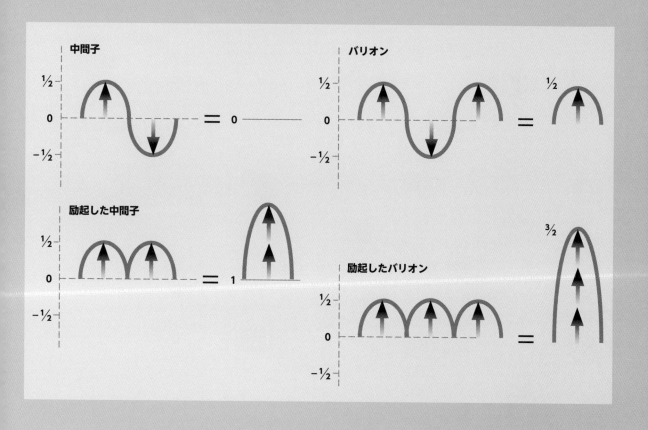

粒子加速器の威力が増して、さらに重くて新しいクォークのタイプが発見された

チャームクォーク

新しい粒子はすぐに発見された。しかし、それらはオクテットやデカプレットのパターンに当てはまらないものだった。最初の発見は、アメリカの二つの研究グループ、サミュエル・ティンをリーダーとするニューヨークのブルックヘブン国立研究所と、バートン・リヒターを中心とするカリフォルニアのSLAC国立加速器研究所によってほとんど同時になされた。名称にギリシャ文字を使うという慣例に従って、リヒターは粒子をプサイ（Ψ）と名づけたが、ティンは自身の中国名（丁）に形が似ているJと名づけた。現在も、この二つの名前が粒子につけられており、J/Ψと呼ばれている。

アップクォークがダウンクォークとパートナーであるように、チャームクォークはストレンジクォークとパートナーである。ストレンジネスと同様に、チャームネスと呼ばれる新しい保存量の次元を加えると、ゲルマンのモデルを拡張して、そこにチャームクォークを組み込むことができる。チャームネスという新しい対称性によって、バリオンや中間子のパターンはさらに複雑になる。

この時点までに、中性子の存在からアイソスピンが予測され、K中間子の存在からストレンジネスが予測され、そしてJ/Ψの存在からチャームネスが予測された。こうした粒子はすべて、関連する対称性を表わすパターンの中にただ配置されただけで、その土台となる構造は理解されていなかった。ところが再びゲルマンによって、その構造はじきに解明されていく。アイソスピン、ストレンジネス、それにチャームネスといった保存量は、彼がクォークと名づけた粒子の内部にある、より小さな構造に関係していたのだ。

4クォーク・1/2バリオンマルチプレット

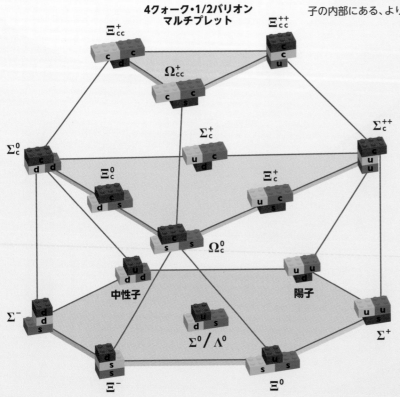

マーク大将のために、クォーク三唱！

バリオンを構成する粒子の名前として、マレー・ゲルマンはまずその発音を思いついていたが、綴りは決めかねていた。ジェイムズ・ジョイスの『フィネガンズ・ウェイク』を読んでいるとき、three quarks for Muster Mark!（マーク大将のために三唱せよ、くっくっクオーク！〔柳瀬尚紀訳〕）という句にぶつかる。その「クォーク（quark）」〔カモメの鳴き声〕とゲルマンが考えていた発音とがピッタリ合っていた上、3という数字もバリオンのクォークの数と偶然一致していた。ジョイスの「クォーク」は騒々しい歓声で、ゲルマンの「クォーク」は基本粒子である。

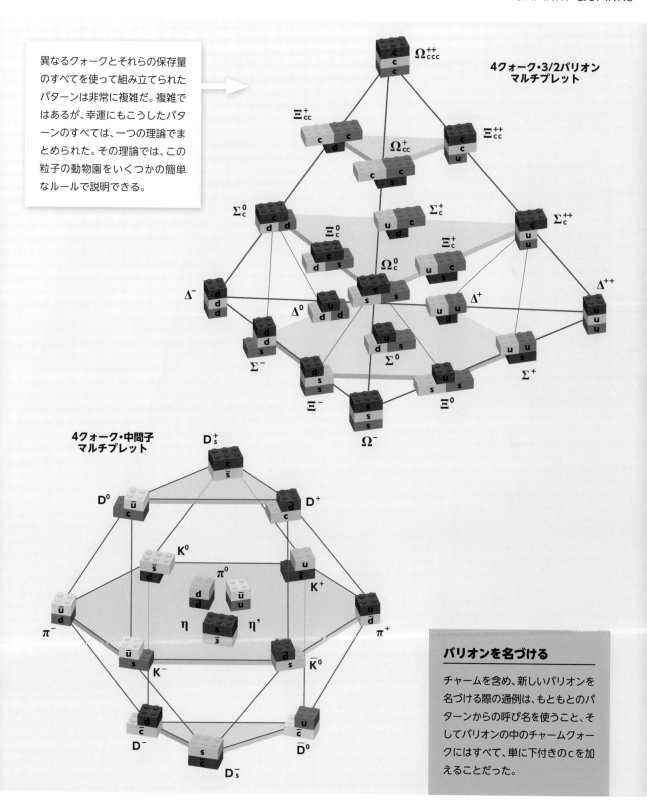

異なるクォークとそれらの保存量のすべてを使って組み立てられたパターンは非常に複雑だ。複雑ではあるが、幸運にもこうしたパターンのすべては、一つの理論でまとめられた。その理論では、この粒子の動物園をいくつかの簡単なルールで説明できる。

4クォーク・3/2バリオン
マルチプレット

4クォーク・中間子
マルチプレット

バリオンを名づける

チャームを含め、新しいバリオンを名づける際の通例は、もともとのパターンからの呼び名を使うこと、そしてバリオンの中のチャームクォークにはすべて、単に下付きのcを加えることだった。

強い力には3種類のチャージがあり、光の三原色のアナロジーでそれを表わす

クォークと色

　ここまでに見てきたパターンの発見すべてからは、それらの基礎には一つの対称性が存在することがうかがえた。単に正か負の電荷しかない一次元の対称性から現われてくる電磁気力とは違い、強い力を記述する対称性は三次元で、空間が三次元であるのと同じように、強い力にも関連する3種類の荷が存在するはずだった。すべてのクォークは強い力と相互作用し、したがってこの強い力のチャージを帯びる。

　以上のアナロジーとなるものを探しているうちに、物理学者たちは光の三原色の組み合わせに思い至った。そうして、強い力の3種類のチャージに、三原色からそれぞれ赤、緑、青が割り当てられた。この強い力についての色の理論は量子色力学、略してQCDと呼ばれる。

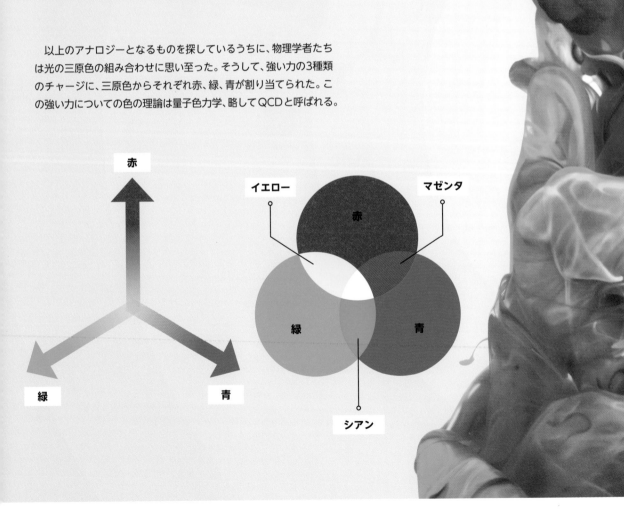

強い力

強い力によって、クォークは互いにまとまりハドロンになる。また、陽子と中性子を原子核内に結びつけているのも強い力だ。あらゆる力の相互作用のなかで最も強いことから、こう名づけられている。

これらのチャージ(色荷)に対しても、電荷と同じルールが適用された。つまり同じチャージ同士であれば斥け合い、違うチャージ同士であれば引き合うのだ。すると、異なる色荷をもつ3種類のクォークができる。

異なる色荷同士は引き合う

同じ色荷同士は斥け合う

光の三原色を組み合わせれば、色のない白色になる。クォークの場合も、3種類の色荷を組み合わせれば、色荷が中性の粒子になる。電気的に中性である原子がさらに電子を引きつけないのと同様に、一度中性になったクォークもまた色荷を帯びた粒子をそれ以上、引き寄せることはない。クォークによって構成されるすべての粒子(ハドロン)の色荷は中性である。

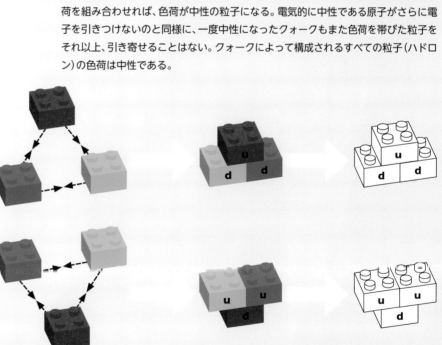

すべてのバリオンがちょうど3個のクォークでできているのにはこうした理由があり、そこには赤、緑、青という強い力の三次元の対称性がそのまま反映されている。

反色荷は色荷とは何もかも正反対

反クォークとその色荷

反クォークの場合は、光の三原色を組み合わせてできる等和色のシアン、マゼンタ、イエローで色荷を表現する。

反物質

反物質は鏡に映された物質のように、物質とは正反対に自然界の力と相互作用する。すべての粒子には対応する反物質があり、そのため反クォークはクォークの色荷に対応する反色荷をもつ。

シアンは緑と青を、マゼンタは赤と青を、イエローは赤と緑を組み合わせてできる。

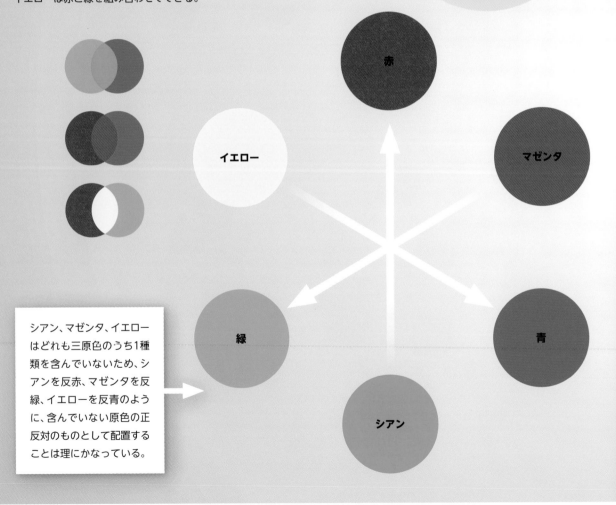

シアン、マゼンタ、イエローはどれも三原色のうち1種類を含んでいないため、シアンを反赤、マゼンタを反緑、イエローを反青のように、含んでいない原色の正反対のものとして配置することは理にかなっている。

クォークと反クォークがペアになることで中間子が
できる。この組み合わせは、バリオンの背後にあるのと
同じ対称性によるものだ。そういうわけで、中間子とバ
リオンは同じルールで色荷が組み合わされる。バリオン
と中間子はすべてクォークからできていて、さらにクォ
ークでできた粒子はすべてハドロンとも呼ばれる。

赤のクォークとシアン（反赤）の反
クォークが組み合わさると、色の
ない白い粒子ができる。

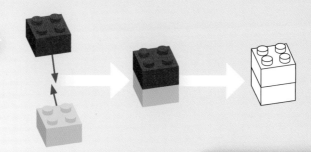

青のクォークとイエロー（反青）の
反クォークの組み合わせでも、同
じことが起きる。

緑のクォークとマゼンタ（反緑）の
組み合わせでも、同じように白い
粒子ができる。

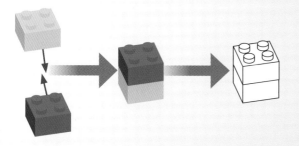

すべてのバリオンにはそれぞれ、反色荷をもつ三つの
反クォークでできた反粒子パートナーがある。

色のない白い粒子は、光の三原色
をすべて等しく含む（光では白色
光になる）。等和色の反色荷でこ
れを実現する方法は、三つの等和
色をすべて組み合わせて反バリオ
ンをつくるしかない。

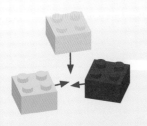

グルーオンはエネルギーと強い力の色荷と反色荷を運ぶ

グルーオンと、強い力の色荷の交換

QCDによると、クォークの間で強い力が交換され、その交換をグルーオンというボース粒子が担う。電磁気力を交換する光子と異なり、グルーオンは強い力のチャージ——色荷——を運ぶ。グルーオンは色荷と反色荷が組み合わさったものだ。これが意味するのは、クォーク同士の間でグルーオンが交換されることで、クォーク同士がまとめ上げられるだけでなく、クォークの色荷も変わるということだ。

光子と同じように、グルーオンは質量をもたない。光子は電磁気力を運ぶが、電荷を運ばないため、互いに相互作用することはできない。一方、グルーオンは色荷を運ぶため、グルーオン同士で相互作用できる。光子とはふるまいが違うことを表わすために、グルーオンはファインマン・ダイアグラムで「ばね」状の線で示される。下の図に示したとおり、グルーオン同士で相互作用できる。

もし、クォークから強い力の反色荷を取り去れば、それとは反対の強い力の色荷をクォークは取り入れなければならない。赤のクォークを緑のクォークに変換するためには、グルーオンが赤の色荷を取り去り、さらには反緑(マゼンタ)を取り去ることで、元のクォーク緑が残される(これが本当かどうかは110ページを参照のこと)。

もし、この赤−反緑のグルーオンが緑のクォークと相互作用すれば、グルーオンの反緑によってクォークの緑は相殺され、グルーオンの赤によってクォークは赤になる。1個の赤のクォークと1個の緑のクォークが相互作用しても、赤のクォーク1個と緑のクォーク1個のままだが、グルーオンの変換は起きている。このように強い力は常に交換され、クォーク同士がまとめ上げられて安定な粒子になっている。

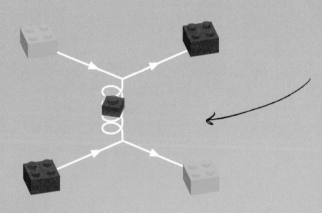

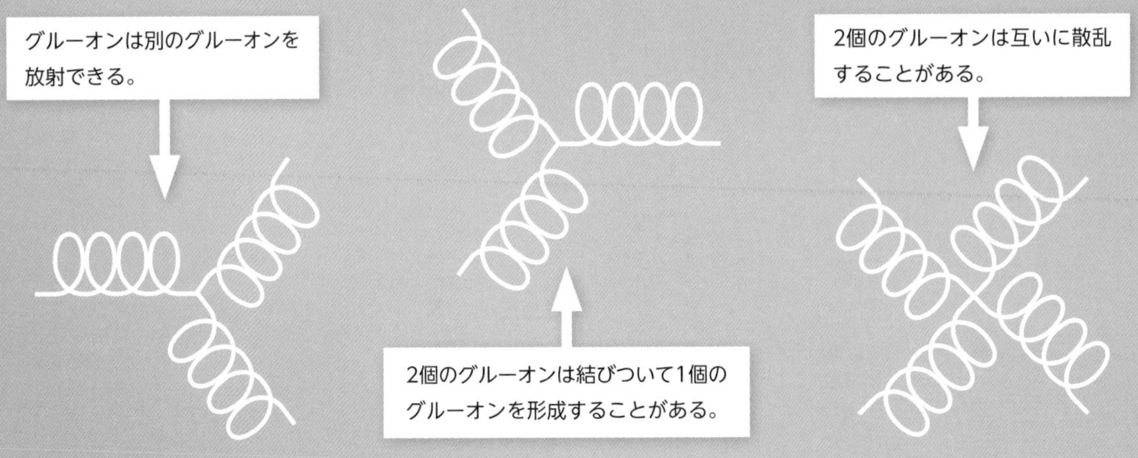

グルーオンは別のグルーオンを放射できる。

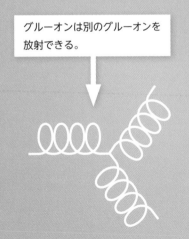

2個のグルーオンは結びついて1個のグルーオンを形成することがある。

2個のグルーオンは互いに散乱することがある。

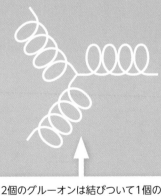

以下の図には、ファインマン・ダイアグラムでグルーオンが
クォークと相互作用する例をいくつか示した。

グルーオンは入射するクォークの色荷と放出するクォーク
の反色荷が組み合わさったものであることに注意。グルーオ
ンとクォークとが相互作用する分岐点で、色荷が保存される
にはこれしか方法がない。そしてもちろん、クォークの線を回
転させれば、反クォークのダイアグラムになる。

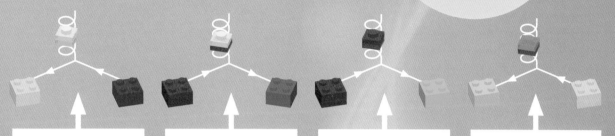

ファインマン・ダイアグラム

ファインマン・ダイアグラムは、粒子間の可能な相互作用を表わした専門的な図だ。時間の経過を横軸で示し、空間を縦軸で示す。

反クォークのイエローの色荷がグルーオンによって取り去られる。さらにグルーオンが反マゼンタ（緑）を取り去ると、この反クォークの色荷はマゼンタになる。

クォークの赤の色荷がグルーオンによって取り去られる。さらにグルーオンが反青（イエロー）も取り去ると、このクォークの色荷は青になる。

クォークの赤の色荷がグルーオンによって取り去られる。さらにグルーオンが反緑（マゼンタ）を取り去ると、このクォークの色荷は緑になる。

反クォークのシアンの色荷がグルーオンによって取り去られる。さらにグルーオンが反イエロー（青）を取り去ると、この反クォークの色荷はイエローになる。

グルーボール

グルーオン同士が相互作用すると、グルーボールと呼ばれる
奇妙な物質が新しくできると予想される。グルーボールは完全
にグルーオンのみで構成され、電気的に中性であるためクォー
クとは異なるものだ。グルーボールはまだ観測されていないが、

多くの実験から得られたデータによってその存在が示唆されて
いる。その探索はLHCや、中間子に崩壊するグルーボールを観
測することに特化した実験によって、現在行なわれている。

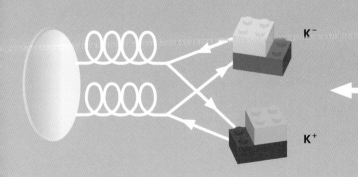

K⁻

K⁺

他のボース粒子のように、グルーオンは粒子－反粒子のペアを生成する。グルーオンはクォークとのみ相互作用するため、クォーク－反クォークのペアを生成する。グルーボールからのグルーオンは、多様なクォーク反クォークのペアを生成し、検出可能な中間子をつくり出す。

クォーク同士が引き離されると、クォークー反クォークのペアが生じる

閉じ込め

　2個の電荷の間にできる電磁気ポテンシャルのエネルギーの丘を覚えているだろうか（65ページ参照）。そのとき、2個の電荷が引き離されるとエネルギーの丘は平坦になった。これは、電荷間の距離が大きくなると電磁気力が弱くなるということから直接もたらされる結果だ。電磁気力は分散し、距離の2乗に反比例して力が減少するためだ。しかし強い力は、2個のクォークを結びつけているグルーオンの作用する線に沿って一定の引力を及ぼす。つまり強い力は距離に応じて弱くはならない。

　グルーオンの交換によって互いに結びついたクォークを引き離していくと、連続的に高くなるポテンシャルの丘を登っていくように、クォークのエネルギーが増加していく。

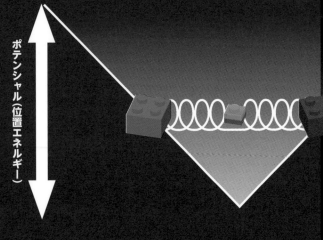

ポテンシャル（位置エネルギー）

ポテンシャルエネルギー（位置エネルギー）

力の影響を受ける状況にある物体が運ぶことのできるエネルギーのこと。地上にある物体を持ち上げると、物体は重力を受けて落下するポテンシャルをもつ。同様に、ポテンシャルエネルギーの丘を引き上げられた、チャージを帯びた2個の粒子は互いに引き合うか、斥け合う。

これが意味するのは、クォークをさらに引き離すためにはより大きなエネルギーを必要とするということだ。グルーオンが一定の力を及ぼすということは、クォーク同士が引き離され、それらを結びつけていたグルーオンが伸びるにつれて、強い力のポテンシャルエネルギーの丘は高まり続ける。すみやかに増加する強い力のポテンシャルエネルギーはきわめて大きくなるため、そこから新しいクォーク−反クォークのペアが生み出され得る。生み出された新しい粒子は互いに接近しているので、そのポテンシャルエネルギーは比較的小さく、その結果、ポテンシャルエネルギーの丘は元の大きさに戻る。この現象が起こる距離は非常に短く、陽子の大きさよりもはるかに小さいので、クォーク同士はハドロンの大きさを越えて引き伸ばされることは決してなく、そのためクォークが単独で観測されることもない。

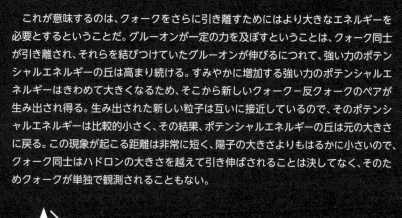

ポテンシャル（位置エネルギー）

クォークはポテンシャルの丘をすみやかに駆け上がって、クォーク−反クォークのペアの質量を生み出せるほどのエネルギーになる。

したがって、グルーオンは伸び縮みするバンドのようにはたらく。そのポテンシャルエネルギーは、バンドが切れてクォーク−反クォークのペアを形成する限界点まで増大する。これは、グルーオンがすべてのエネルギーをクォークと反クォークの生成に使い尽くすまで続く。このクォーク−反クォーク対の生成と引力としてはたらく色荷によって、どんなクォークも互いから離れることができない。クォークは集団をつくってそれに閉じこもり、色荷がゼロの中間子やバリオンを形成する。

←左の画像は、DELPHI検出器での現象を再現したものである。ハドロンのジェットが3本はっきりと示されている。ジェットは、粒子〔陽子など〕を構成していたクォークがエネルギーを得て、元の粒子から飛び出そうとして形成されたもの。ジェットに沿って、いくつものクォークと反クォークのペアから新たにハドロンが次々に生成している。

ジェット

グルーオンが切れる距離は、陽子の大きさよりもはるかに小さい。私たちが陽子同士を衝突させてバリオン内部からクォークやグルーオンを叩き出そうとするとき、クォーク−反クォーク対の長い鎖がつくられ、そこから新しいバリオンや中間子が生成される。これら新しいハドロンからなる鎖をジェットと呼ぶ。ジェットの方向とエネルギーによって、物理学者はもともとのクォークやグルーオンがもっていたエネルギーや方向を決定することができる。

陽子や中性子の質量のほとんどはグルーオンやクォーク－反クォークのペアから生じる

質量となる強い力

　アップクォークとダウンクォークの質量と、陽子や中性子の質量との間に大きな差があることに気がついただろうか。938 MeV/c²の質量をもった陽子と940 MeV/c²の質量をもった中性子は、合計3個のアップクォークとダウンクォークの質量を単純に足し合わせたものよりはるかに重い。アップクォークの質量はおよそ2.3 MeV/c²、ダウンクォークの質量はおよそ4.8 MeV/c²で、それらが陽子や中性子の質量に占める割合はほんのわずかだ。では残りの質量はどこから来るのだろうか？

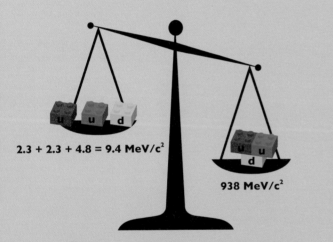

2.3 + 2.3 + 4.8 = 9.4 MeV/c²

938 MeV/c²

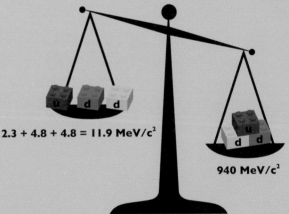

2.3 + 4.8 + 4.8 = 11.9 MeV/c²

940 MeV/c²

不確定性原理

　陽子や中性子の質量の大部分は量子効果に依存している。量子効果とは不確定性原理として知られるもので、それによると私たちの宇宙はピクセル的だという。それは、プラスチックのブロックがスタッド（ポッチ）の整数倍にしかならないようなものだ。他にも粒子には制約が課されている。たとえば、粒子を観測するとき、私たちは粒子の位置と運動量の両方を完璧な精度で計測することはできない。計測についてまわるこの不確定性は、

量子物理学の創始者、マックス・プランクにちなんで名づけられたプランク定数（h）で定められる。位置と運動量、エネルギーと時間といった組み合わせで測定する場合、プランク定数によってその測定精度の限界が決まるのだ。この不確定性原理によって、アップクォークとダウンクォークは位置が制約される一方で、大きなエネルギーをもつことになるのだ。そしてこの余分なエネルギーが大量のグルーオンの交換となって現われる。

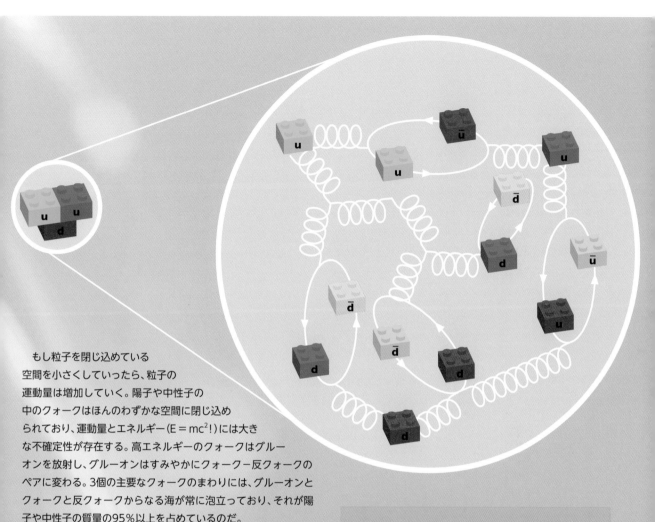

もし粒子を閉じ込めている
空間を小さくしていったら、粒子の
運動量は増加していく。陽子や中性子の
中のクォークはほんのわずかな空間に閉じ込め
られており、運動量とエネルギー（$E = mc^2$!）には大き
な不確定性が存在する。高エネルギーのクォークはグルー
オンを放射し、グルーオンはすみやかにクォーク–反クォークの
ペアに変わる。3個の主要なクォークのまわりには、グルーオンと
クォークと反クォークからなる海が常に泡立っており、それが陽
子や中性子の質量の95％以上を占めているのだ。

格子QCD

　強い力が非常に強いことと、クォークが自己相互作用するという
ことを組み合わせると、強い力が介在する粒子の相互作用の計算
はあっという間に非常に複雑になる。そのような強い力を記述す
るための最近の手法に、格子QCDと呼ばれる計算方法がある。こ
の計算では、クォークは方眼紙上の交点のように格子上の点とし
てモデル化され、グルーオンはその間を結ぶ線としてモデル化さ
れる。このような強い力の相互作用の計算には膨大な時間が必要
で、計算を細かくすればするほど、計算時間は指数関数的に増加す
る。このような状況にもかかわらず、格子QCDは成功を収めてい
る。たとえば、陽子の質量を得るのに必要な陽子内部のクォークの
結合エネルギーを2％以下の誤差でモデル化している。

自然界のピクセル

ピクセルのような、この自然界の実態は、標準モデル
とすべての量子理論が扱うことのできる範囲を表わし
ている。それが意味するのは、ブラックホール内部や
ビッグバンに見られる、非常に小さな空間に非常に高
いエネルギーが存在する私たちの宇宙の物事を、この
理論で完璧には説明できないということだ。この限界
によって、標準モデルで説明できる、最も高いエネル
ギーと最も小さいスケールに現実的な限界が生じる
（それらはそれぞれプランクエネルギーとプランク長
さという）。1.22×10^{19} GeVより高いエネルギーをも
つものや1.62×10^{-35} mより小さい空間で起こる出
来事は、標準モデルによる説明の範囲外になるのだ。

クォークの組み合わせによって、さらにテトラクォークとペンタクォークができる

テトラクォークとペンタクォーク

三原色(あるいは等和色)のクォークを結びつけてバリオンをつくったり、一つの色荷とその反色荷を結びつけて中間子をつくったりすることは、中性の色荷をもつ粒子を形成する方法として最も基本的なものだ。しかし、そこでやめてしまう必要はない。陽子と電子とが結びついて、電気的に中性の重い原子をどんどん形成していくように、クォーク同士の結合をさらに続

けていったらどうだろうか。クォークを互いに結びつけるグルーオンの海によって、そういう大質量のエキゾチックな粒子が新しくできるが、そうした粒子は非常に不安定だ。これらのエキゾチックな粒子の証拠が観測されるようになったのは、せいぜいここ数十年のことだ。

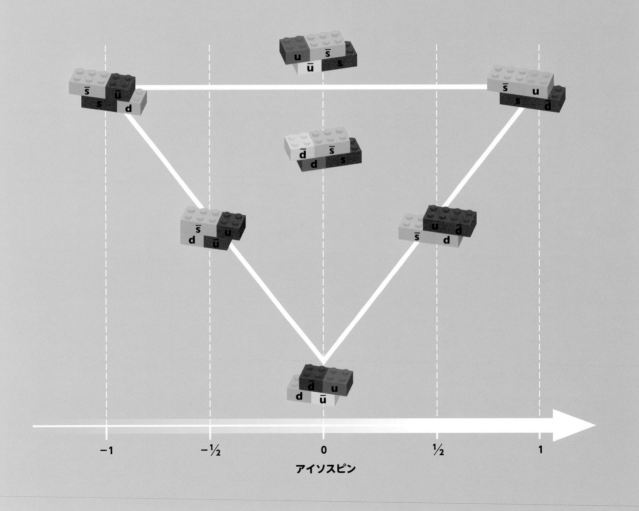

テトラクォーク

色荷をもつ1個のクォークと反色荷をもつ1個の反クォークとが結びつき、色荷が中性の中間子ができる。さらに1個のクォークと1個の反クォークを加えても、なお色荷が中性の4個のクォークの集合体ができる。これらのエキゾチックな中間子はテトラクォークと呼ばれ、2013年に中国のBESⅢ実験と日本のBelle実験で初めて観測された。その後、大型ハドロン衝突型加速器でのLHCb実験によって、この発見は確認され、さらに他のテトラクォークもリストに加えられた。左ページの図は、テトラクォーク版、ゲルマンの八道説だ。

ペンタクォーク

他の組み合わせとしてあり得るのは、色荷が中性であるバリオンの3個のクォークに、さらにクォークと反クォークを加えるというものだ。この5個のクォークの集合体はペンタクォークと呼ばれ、クォークのモデルが考案された後すぐに提唱された。今世紀はじめ、シータプラス(Θ^+)というペンタクォークの存在が主張されたが、確認することはできなかった。しかし2015年、LHCb実験は合理的な疑いの余地なく、Θ^+とは異なるペンタクォークの存在を示し、これはPc(ご想像のとおりPはペンタクォークのこと)と呼ばれた。

これらのクォークが陽子のような一つの粒子を形成するのか、あるいは水素が酸素と結びついて水分子を形成するようにバリオンと中間子が結びついてバリオン－中間子分子をつくるのかどうかは明らかになっていない。ペンタクォークの正確な構造を明らかにしていけば、自然界の力のなかで理解が最も遅れている強い力の特性について多くのことがわかってくるだろう。

Pc 本物のペンタクォーク？

4個のクォーク、1個の反クォーク

2 × アップ ＋ 1 × ダウン ＋ 1 × チャーム ＋ 1 × 反チャーム

1 × 緑 ＋ 1 × 青 ＋ 1 × 赤 ＋ 1 × 赤 ＋ 1 × 反赤（シアン）

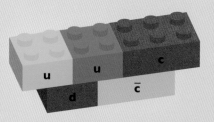

Pc バリオン－中間子分子？

1個のバリオン（陽子）、1個の中間子（J／Ψ）

2 × アップ ＋ 1 × ダウンと、1 × チャーム ＋ 1 × 反チャーム

1 × 緑 ＋ 1 × 青 ＋ 1 × 赤と、1 × 赤 ＋ 1 × 反赤（シアン）

ゲルマンのパターンから予測される他のペンタクォークについても、研究が行なわれている。

ただはっきりしているのは、これらの奇妙な物体の研究によって強い力への理解が深まるということだ。たとえば、強い力がはたらくメカニズムや、ビッグバン後の1秒に満たないわずかな時間に強い力がクォーク同士を結びつけて原子核の種をつくったときの様子について、よりはっきりとしたイメージを描けるようになるだろう。

クォーク

クォークは、物質を構成するフェルミ粒子のうち半分を占める。クォークは強い力を感じ、強い力の色荷を運ぶ。

強い力と量子色力学（QCD）のまとめ

強い力は、本章で見たいろいろな粒子がどのようにつくられるのかを決め、そして下に示したルールを決める。このルールによって、クォークを組み合わせてできるあらゆる粒子をつくることができる。

強い力がもつ対称性には三つの次元があり、クォークは光の三原色の色荷を運び、反クォークは光の等和色の色荷（反色荷）を運ぶとモデル化される。

シアン、マゼンタ、イエローはどれも三原色のうち1種類を含んでいない。そのため、シアンを反赤、マゼンタを反緑、イエローを反青として配置する。

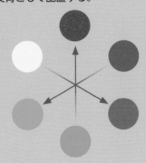

クォークでつくられた粒子はすべてハドロンと呼ばれる。すべてのハドロンは、光の三原色が混ざって白色光になるように、色荷（反色荷）が合わさって中性になっている。

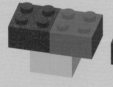  

3個のクォークでできた粒子はバリオンと呼ばれる。バリオンは赤・緑・青の色荷をもつクォークが組み合わさっている。

クォークと反クォークのペアでできた粒子は中間子と呼ばれる。クォークと反クォークが組み合わさると、色荷と反色荷が互いに打ち消し合い、色荷が中性の粒子ができる。

エキゾチックな粒子も存在する。テトラクォークは2個の中間子が結びついたようなもので、2個のクォークと2個の反クォークでできている。ペンタクォークはバリオンと中間子が結びついたようなもので、4個のクォークと1個の反クォークでできている。

上に示されたルールに従う粒子は、トップクォークを含まないものを除くと、すべて存在すると考えられる。トップクォークは寿命が短いため、粒子を形成する前に崩壊する。

強い力はクォークの間で交換される。その交換を担うグルーオンというボース粒子は、
色荷および反色荷を運ぶ。

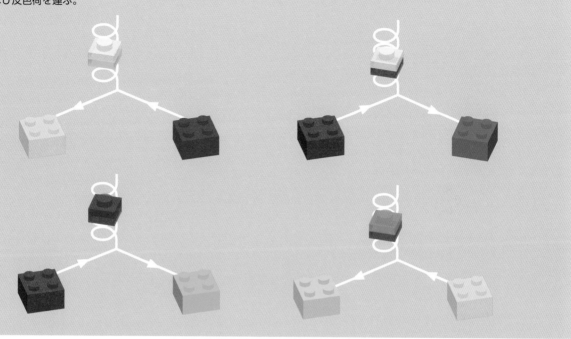

グルーオンは色荷（または反色荷）を運ぶためそれ自身
と相互作用でき、そのことから、グルーボールと呼ばれ
る奇妙な物質をつくるという予測が導かれる。しかし、
グルーボールは実験で観測されていない。

グルーオンが色荷をもつクォークから
離れるにつれて、ポテンシャルエネルギ
ーはしだいに増加していく。その結果、
クォーク一反クォークのペアが形成さ
れて、すべてのグルーオンには陽子の内
部より短い距離しか移動できないとい
う制限が課される。

陽子と中性子を結びつけて原子核をつ
くり出す強い力は、パイ中間子によっ
て交換される。

既存の力ではベータ崩壊を説明できなかったため、弱い力が考え出された

ベータ崩壊

　原子からベータ線が放射されると、その原子は別の元素に変化する。それは、その原子核内の中性子が崩壊して、わずかに質量の軽い陽子に変わるからだ。粒子を構成するクォークに注目すれば、中性子が陽子へ変化するには、1個のダウンクォークがアップクォークへと変わる必要がある。

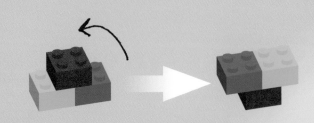

電磁気力は粒子そのものを変化させない。電荷によって粒子間でエネルギーを交換するだけだ。

強い力はアップクォークをダウンクォークへ変化させない。クォークがもつ色荷を変化させるだけだ。

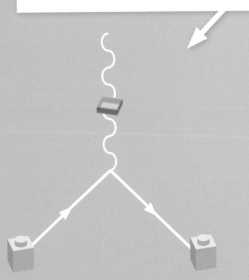

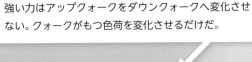

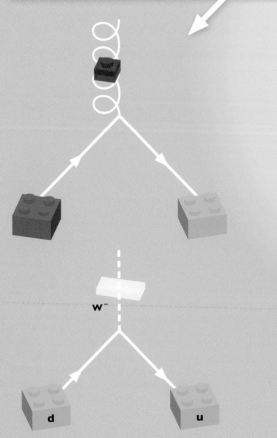

W^-

d　　u

　クォークそのものが変化し、ベータ崩壊が起こるには、新たに「弱い力」が必要となる。弱い力は、強い力より弱く、電磁気力の光子が荷電粒子を結びつけるくらいの力だ。弱い力にはその力を伝えるボース粒子（Wボソン）が必要だ。−1/3の電荷をもつダウンクォークから、＋2/3の電荷をもつアップクォークへの変化は、合計で＋1の電荷の変化が必要となる。この変化を相殺するために、Wボソンは逆に−1の電荷をもたなければならない。

　ベータ崩壊が起きている間、原子核が変化するだけでなく、電子が高速で原子から飛び出してくる。これをベータ粒子という。この電子のエネルギーは中性子と陽子の質量の差に光速の2乗をかけ合わせたもの ($E = mc^2$) に由来する。

　ベータ崩壊で電子が放射されると、電子はこれと同じだけのエネルギーを持ち去らなければならない。ところがそうではなく、放射された電子のエネルギーにはほぼゼロから予測された値まであらゆる可能性があることが観測された。こんなことが起こり得るのは、エネルギーが放出されるごとに違った割合でエネルギーを持ち去る何かが存在する場合だ。

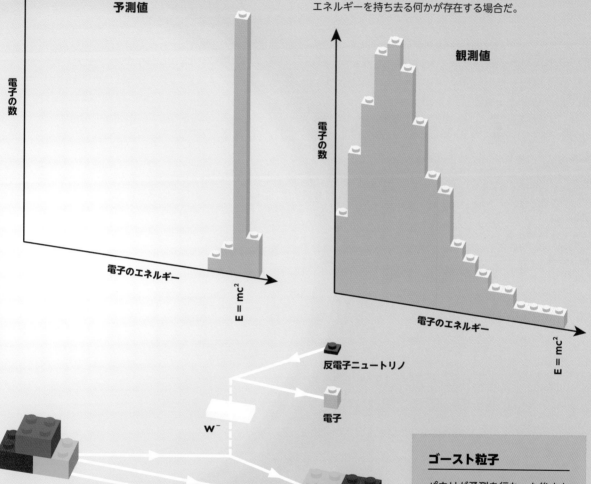

予測値

電子の数

電子のエネルギー

$E = mc^2$

観測値

電子の数

電子のエネルギー

$E = mc^2$

反電子ニュートリノ

電子

W⁻

　エネルギー保存則に従わせるため、ドイツの物理学者ヴォルフガング・パウリは「やけくその救済案」を思いついた。それは、電荷をもたず見ることのできない第三の粒子もベータ崩壊で放射されるというものだ。現在では、この「電荷をもたない小さな粒子」であるニュートリノが、ベータ線の電子とともにウィークボソンによって生成されることがわかっている。

ゴースト粒子

　パウリが予測を行なった後まもなく、ドイツの物理学者ハンス・ベーテとルドルフ・パイエルスはニュートリノが観測される可能性を計算した。そして、弱い相互作用を行なうニュートリノを「観測する現実的な方法はない」と結論づけ、ゴースト粒子というあだ名をつけた（第7章参照）。

逆の弱い力のチャージをもつ粒子同士はパートナー

粒子をペアにする

　強い力を感じることができるのはクォークだけで、電磁気力を感じることができるのは電荷を帯びた粒子だけだ。ニュートリノはどちらも感じない。クォークと電子とニュートリノがベータ崩壊に関わるということは、すべてのフェルミ粒子が弱い力つまりWボソンと相互作用するということだ。

　ベータ崩壊をよく調べると、粒子のペアに見られる昔ながらのパターンにも気づく。それが意味することはただ一つ、対称性と保存量から浮かび上がる弱い力バージョンのチャージ(弱荷)だ。電磁気力の電荷は1次元、強い力の色荷は3次元、弱い力の場合はコインの表と裏のような2次元である。

　弱い力はフェルミ粒子をグループに分け、逆の弱荷をもつ粒子のペアをつくり、Wボソンはある粒子をその弱荷ペアの粒子に変える。ベータ崩壊からわかるのは、これらの

ペアのうち二つはアップクォークとダウンクォークのペア、電子と電子ニュートリノのペアでなければならないことだ。ダウンクォークからアップクォークへ、電子から電子ニュートリノへ変換するには、負の電荷を帯びたWボソン(W⁻)が必要となる。そして、その反対の変換をするには、先ほどとは逆方向に粒子を変換できる正の電荷をもったWボソン(W⁺)が必要である。

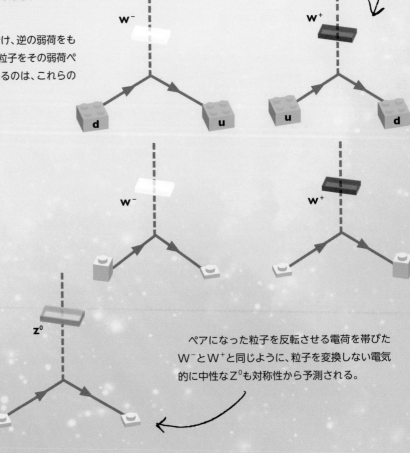

ペアになった粒子を反転させる電荷を帯びたW⁻とW⁺と同じように、粒子を変換しない電気的に中性なZ⁰も対称性から予測される。

　ベータ崩壊に関わる弱い力でペアになった粒子（弱荷ペア）は、第1世代の粒子と同じように、第2世代以降のより重いクォークやレプトンにも同様に存在する。ストレンジクォークが発見され、クォーク理論が発展した後、この弱荷ペアがきっかけとなって、チャームクォークが予測され、ついには発見に至った。チャームクォークはストレンジクォークの弱荷ペアの粒子なのだ。トップクォークも、ボトムクォークに対する弱荷ペアの粒子として予測され、確認された。

フェルミ粒子
フェルミ粒子は物質を構成する粒子である。大きくクォークとレプトンに分けられ、それぞれに三つの世代がある。

粒子加速器でつくられたパイ中間子の崩壊を分析することで、特徴的なミューニュートリノが弱荷ペアの粒子であるミュー粒子に変換されることが明らかになった。

タウニュートリノは直接観測された最も新しいフェルミ粒子で、米イリノイ州のフェルミ国立加速器研究所でのDONUT実験によって2000年に確認された。タウニュートリノはWボソンによって、ペア粒子の電荷を帯びたレプトンであるタウ粒子に変わる。

重い粒子はできるだけ軽くなろうとするため、軽い粒子へと崩壊する

重ければ重いほど不安定

　私たちが知っているような原子が存在する理由は弱い力にある。ペア同士の粒子を変換する弱い力がなければ、宇宙は今でもトップクォークやタウ粒子などの重い粒子で満たされていただろう。しかし実際には、弱い力のおかげでこれらの粒子は質量を減らしやすくなっている。粒子が重ければ重いほど、弱い力を介して、より軽い粒子になろうとする傾向が強くなるのだ。

　重いタウ粒子は長い時間存在していることはできず、平均して3兆分の1秒で非常に軽いタウニュートリノへ崩壊する。この崩壊が起こったときに放射されたWボソンはその後、弱荷ペアとなる一対の粒子をつくり出す。タウ粒子はタウニュートリノよりもかなり重いので、Wボソンは大量のエネルギーをもち去る。その大量のエネルギーのために、生成する弱荷の粒子－反粒子ペアには多くの選択肢がある。ミュー粒子と反ミューニュートリノのペアをつくれるほどのエネルギーがあり、タウ粒子の崩壊の17.4%をこの対の生成が占める。また、電子と反電子ニュートリノのペアもつくられ、この生成は17.8%を占める。

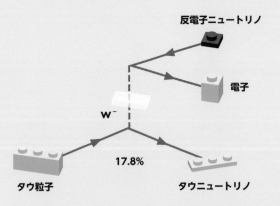

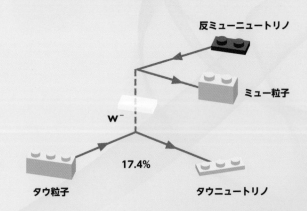

　タウ粒子はクォーク－反クォークのペア、つまりハドロンをつくれるほどの質量をもつ唯一のレプトンだ。タウ粒子のエネルギーがあれば、アップクォークと反アップクォーク、ダウンクォークと反ダウンクォークのペアを複数つくり出せ、これによって1個または複数個のパイ中間子がつくられる。

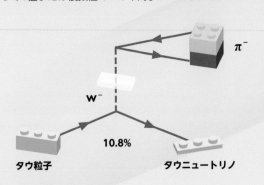

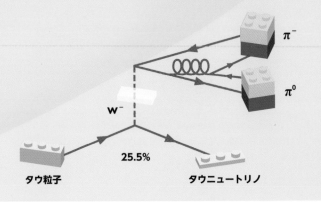

　タウ粒子がすみやかに崩壊できる理由は、幅広い選択肢が
あるおかげだ。崩壊する選択肢が多いということは、崩壊す
る可能性が高くなるのと同じなのだ。タウ粒子の平均寿命は
3兆分の1秒とあまりにも短すぎて、粒子検出器で実際に観測
することはできない。タウ粒子は崩壊した粒子を介してでし
か、観測できないのだ。

　ミュー粒子はWボソンの放射をともなってミューニュート
リノへと崩壊する。その際、Wボソンが持ち去るエネルギー
は、タウ粒子の崩壊に比べて小さい。ミュー粒子とミューニュ
ートリノとの質量差から生じるエネルギーが小さいというこ
とは、新たに粒子−反粒子ペアをつくり出すための選択肢が
ほとんどないということだ。実際、ミュー粒子崩壊にともなう
Wボソンが取れる選択肢は、電子とその弱荷ペアの反粒子で
ある反電子ニュートリノのペアをつくるくらいしかない。

　このセクションのダイアグラムの粒子はすべて「粒子⇄反
粒子」の置き換えが可能であるという点を覚えておいてほし
い。反レプトン（たとえば反ミュー粒子）も崩壊し、すべてを反
対の弱荷ペアに置き換えられるのだ。

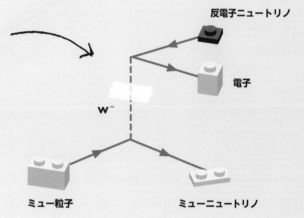

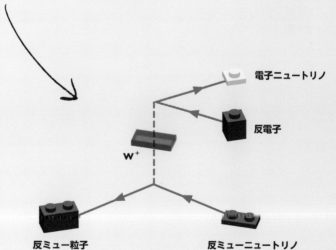

終着点

電子まで到達すれば、そこで行き
止まりだ。電子がWボソンを放
射して、電子ニュートリノへ変わ
ることはない。電子は、粒子−反
粒子になっている弱荷ペアをつ
くり出すほどのエネルギーをも
たないからだ。電子は安定で、そ
こでダイアグラムは終わる。すべ
ての原子に電子が見つかる一方
で、タウ粒子は見つからないのは
そのためだ。

陽子と中性子をつくるには、弱荷ペアを越えたクォークの混ざり合いが必要になる

クォークと混合

　レプトンの崩壊についての説明を読んだ後、読者のみなさんはクォークの崩壊について気を揉んだかもしれない。もし弱い力が弱荷ペアの粒子間のみの変換をするとすれば、問題が生じる。ビッグバン直後に生成された質量の大きなトップクォークはすべて崩壊してボトムクォークになる。このボトムクォークは、ニュートリノと同じで、より重いトップクォークに戻る以外のことに弱い力を使うことはできない。したがって、膨大な

数の粒子はそれぞれの弱荷ペアの軽い方のクォークで構成されているはずだ。つまりトップクォークから崩壊したボトムクォークと、チャームクォークから崩壊したストレンジクォークで粒子ができていることになる。しかし、陽子と中性子、要するに私たちの宇宙のバリオンの99%以上はアップクォークとダウンクォークが組み合わさってできている。

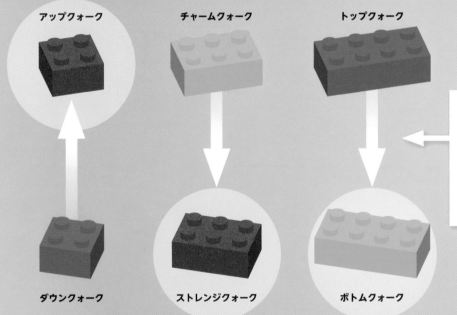

アップクォーク　　チャームクォーク　　トップクォーク

崩壊によって、ダウンクォークはより軽いアップクォークに、チャームクォークはより軽いストレンジクォークに、トップクォークはより軽いボトムクォークになる。

ダウンクォーク　　ストレンジクォーク　　ボトムクォーク

　陽子や中性子が大量に存在するのは、クォークが各ペアで孤立しているのではなく、クォーク同士が弱荷ペアを越えて互いに混ざり合っているからだ。クォーク同士が力を介し相互作用してブロックのようにふるまっているときは、そうはならない。ところが、クォークがあらゆる量子経路（68〜69ページ参照）を探っていると混ざり合う。それぞれのクォークは1個ではなく、3個の歩数計をもつ。つまりそれは、各歩数計がクォークの

とった経路を異なるやり方で計測しているということだ。クォークの経路の終点では、すべての歩数計は同期しなくなっている。異なる経路をとった場合に歩数計が指す数値を互いに比較して粒子の移動する場所が決まるのと同じように、あるクォークの三つの歩数計の数値を比較することで、クォークが異なる弱荷ペアの粒子と混じり合うことのできる確率が決まる（詳細は147ページ参照）。

もし、弱い力の影響を受けるクォークが弱荷ペアを越えて混じり合うことができれば、原則的にはトップクォークは崩壊によってボトムクォークだけでなく、ストレンジクォークやダウンクォークにもなる可能性がある。ただし、ダウンクォークへの崩壊は確認されていない。そうなる確率は混合することが許されるクォークの総量で決まり、実験によってのみ計測される。

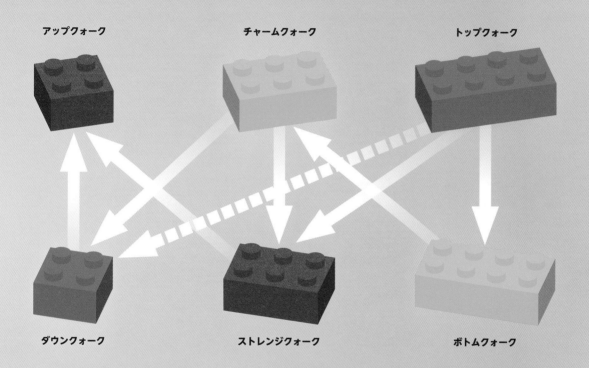

アップクォーク　　　　　　チャームクォーク　　　　　　トップクォーク

ダウンクォーク　　　　　　ストレンジクォーク　　　　　　ボトムクォーク

なぜ？

なぜクォークは混ざり合うのか？標準モデルの大部分と同様、それは「そうすることが可能だから」という以上には理解できていない。レプトンは、弱い力のペア以外の粒子に崩壊できないように見える一方で、幽霊のようなニュートリノの計測から、例外が存在することが発見された。

量子

量子物質はボールのようなかっちりした粒子ではなく、異なる確率をもった可能性が寄り集まったものだ。この量子の力によって、クォークは崩壊するための他の経路を知ることができ、弱荷ペアの垣根を越えてクォーク同士は混ざり合うことができる。

弱い力が弱いものとしてしか観測できないのは、
力を交換する粒子が長く存在できないから

通常より弱い

第2章で私は、弱い力は電磁気力よりもずっと早くにはたらき始めたと書いた。初期宇宙の高エネルギー粒子を抑え込むために、弱い力は電磁気力よりも強くなければならなかったのは間違いない。

弱い力の結合定数（これは粒子がボース粒子を放射する確率を定義する）は、電磁気力の結合定数である1/137よりも5倍以上大きい。これはつまり、粒子は電磁気力の光子と相互作用するよりも、ウィークボソンと強く相互作用しようとするということだ。しかし、ミュー粒子は光子を放射して荷電粒子と相互作用し、その後やがてはWボソンを放射して崩壊する。

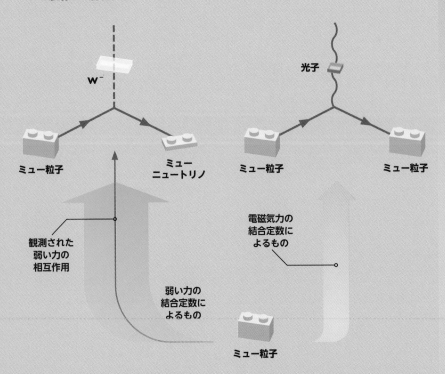

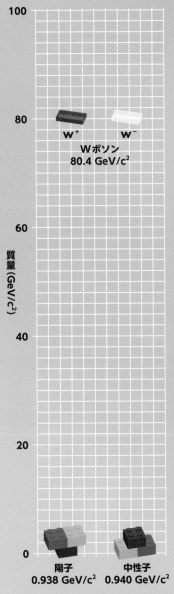

弱い力が非常に弱く現れる理由は、Wボソンが大質量であるためで、陽子の質量のなんと85倍にもなる！ 質量のない光子やグルーオンは（ほとんど）あらゆるエネルギーから生成される一方で、Wボソンの質量をつくり出すためには大量のエネルギーが必要になる。なんといっても$E = mc^2$なのだ。

中性子と陽子の質量のわずかな差ではWボソンが生成されることは絶対にないため、ベータ崩壊は決して起こらないはずだ。ミュー粒子と電子でも同じことで、ミュー粒子が崩壊するとは思えない。しかし、陽子にそのほとんどの質量をもたらす奇妙な量子のふるまいと同じしくみで、弱崩壊は起こる。先に示した不確定性原理（116ページ参照）によると、粒子を狭い場所に閉じ込めれば、粒子の運動量は増加する。ということはつまり、宇宙をより狭い時間枠で見ようとすればするほど、エネルギーの計測の精度はどんどん悪くなっていく。

> ここで Δ（デルタ）は不確定性を示す。時間の不確定性が減少すれば、線は垂直に近づいていき、エネルギーの不確定性が増大する。

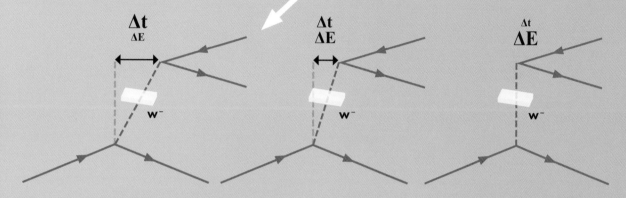

仮想粒子

ファインマン・ダイアグラムで線が垂直に近づくほど、粒子の存在する時間は短くなる。そして、粒子の寿命が短くなればなるほど、不確定性原理により粒子のエネルギーの不確定性が高まる。

この不確定性で覆い隠されるが、短い時間幅ですぐに返すということであれば、エネルギーを「借りる」ことは自然法則に反していない。時間をさらに短い幅にしていけば、さらにエネルギーを借りることができる。Wボソンが1秒の10億分の1のさらに10億分の1のさらにまた10億分の1の間だけ存在するときに

限り、Wボソンとしてエネルギーを借りることができるが、あまりにも短すぎて観測できない。そのような粒子は決して観測されることはなく、それらは仮想粒子と呼ばれ、ファインマン・ダイアグラムで垂直に示され、空間的には存在するが時間的には存在しない。Wボソン以外のあらゆる粒子は空間的にも時間的にも存在し、観測することができる実在する粒子だ。

この寿命の短い仮想粒子のふるまいによって、粒子はWボソンと相互作用する可能性は下がり、これが弱い力が弱い力である理由だ。

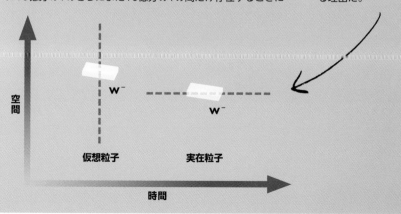

弱い力

弱い力は、アップタイプクォークとダウンタイプクォーク、あるいは荷電レプトン（たとえば電子）とニュートリノの変換を担う。この力は放射性のベータ崩壊の原因である。

最初の頃の宇宙では、電磁気力と弱い力は電弱力に統一されていた

初めはそれほど弱くなかった弱い力

弱い力は常に弱かったわけではない。ビッグバンから1000億分の1秒後の高温で高密度だった宇宙の中では、粒子は平均でおよそ100 GeVのエネルギーをもっていて、ほかからエネルギーを借りなくてもWボソンをつくり出せた。これらのWボソンは仮想ではなく実在するものだったが、ほんの一瞬の間しか存在しなかった。このとき、電磁気力と弱い力は本質的に同じもののように見えただろう。なぜなら、対消滅で粒子－反粒子のペアが光子を生成したのと同じように、弱い力の粒子－反粒子ペアがWボソンを生成したはずだからだ。

電弱力

二つの物の相互作用のしかたから、それらの違いを識別する方法がない場合、そこには対称性が作用しているに違いない。電磁気力と弱い力が示す対称性はこうした高エネルギーの状況で組み合わされ、一つの統一された電弱力に相当する新しい対称性ができる。

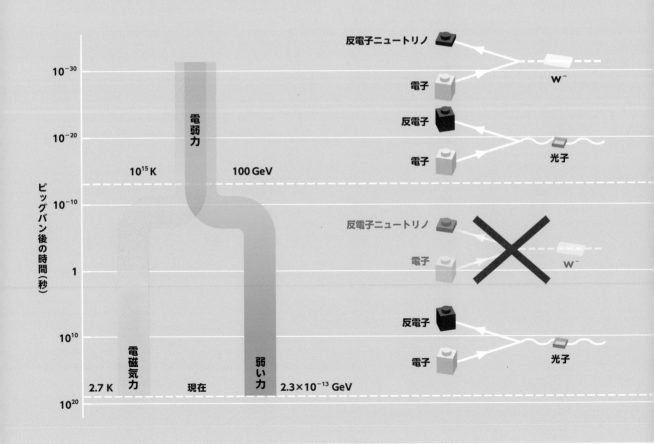

電弱力に統一されると、W^+とW^-は別個の粒子として実体化するが、それはW^+とW^-が特徴的な相互作用によって粒子を反転させるからだ（125ページ参照）。しかし、W^0と光子のふるまいは非常によく似ている。ファインマン・ダイアグラムではW^0と光子を交換することができ、しかもその結果は同じだ。

他の区別できないすべての粒子と同様、π^0（104ページ参照）に見られる異なるクォークの配置のように、W^+とW^-のふるまいは混ざり合うようになる。第3章で説明した、歩数計の対称性をもつ真のボース粒子は、実際は光子ではなくBボソンである。このBボソンはW^0と区別できない。両者が混ざるとき、二つの新しい粒子ができる。それらはBとW^0が少しずつ組み合わさったものだ。一つは電磁気力で計測可能なボース粒子である質量のない光子で、もう一つはWボソンに似たZ^0で、光子と違って質量がある。

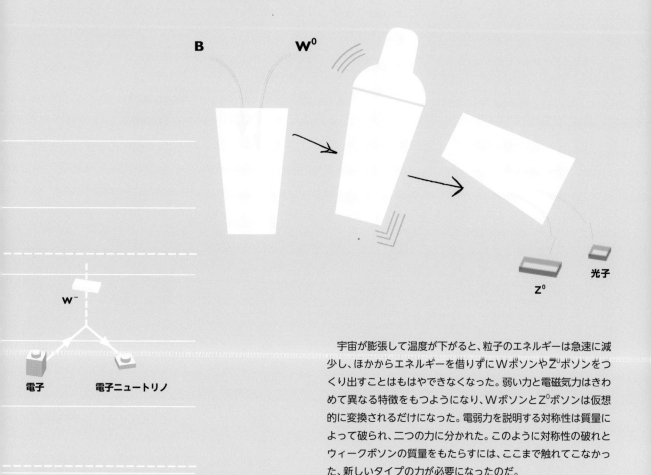

宇宙が膨張して温度が下がると、粒子のエネルギーは急速に減少し、ほかからエネルギーを借りずにWボソンやZボソンをつくり出すことはもはやできなくなった。弱い力と電磁気力はきわめて異なる特徴をもつようになり、WボソンとZ^0ボソンは仮想的に変換されるだけになった。電弱力を説明する対称性は質量によって破られ、二つの力に分かれた。このように対称性の破れとウィークボソンの質量をもたらすには、ここまで触れてこなかった、新しいタイプの力が必要になったのだ。

弱い力を介して相互作用するのは3世代だけ

ちょうど三つの世代

Z^0は崩壊してニュートリノと反ニュートリノになれる唯一のボース粒子だ。だが、ニュートリノと反ニュートリノはほとんどの粒子検出器で計測できない。Z^0がこのように崩壊する可能性を理解することは重要だ。

質量の大きな粒子のように、弱い力を伝えるWボソンとZボソンは崩壊して、より軽い粒子を新たに生成する。これまでベータ崩壊で見てきたように、Wボソンは粒子と反粒子の弱荷ペアをつくり出す。しかし、質量がおよそ80 GeV/c^2のWボソンはトップクォークを含んだペアを生成できない。トップクォークは質量が大きすぎるからだ。それを別にすれば、クォーク混合(128〜129ページ参照)が起こるということは、Wボソンが崩壊して、アップタイプとダウンタイプそれぞれのクォークと反クォークのあらゆる組み合わせのペアができるということだ。

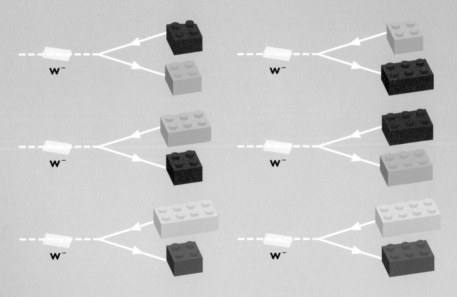

Wボソンは崩壊して、荷電レプトンとニュートリノからなる粒子−反粒子ペアにもなる。

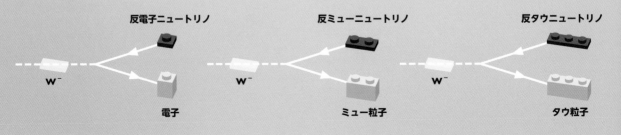

反電子ニュートリノ

反ミューニュートリノ

反タウニュートリノ

電子

ミュー粒子

タウ粒子

Z⁰ボソンはその実、質量の大きいバージョンの光子で、粒子と反粒子のペアを生成する。Z⁰ボソンの質量は、トップクォークと反トップクォークのペア以外すべての粒子－反粒子ペアを生成できるほど大きい。

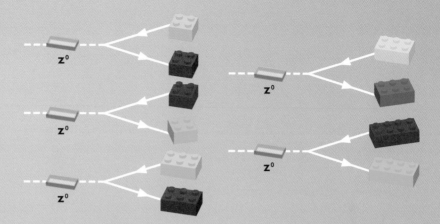

しかし光子と違って、Z⁰ボソンはニュートリノとも相互作用することができる。Z⁰ボソンはあらゆる荷電レプトンとその反粒子、そしてあらゆるニュートリノと反ニュートリノのペアをつくり出すことができる。

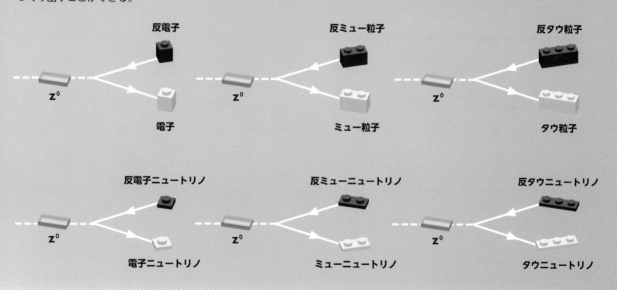

CERNの周長27キロのトンネルに建設されたLHCの前身である、大型電子陽電子衝突型加速器（LEP）で、WボソンとZボソンは大量に生成された。そしてALEPH検出器によって、それぞれに異なった粒子ペアに崩壊するZ⁰の平均寿命を計測することができた。Z⁰から荷電レプトンとニュートリノへの崩壊を比較したとき、ニュートリノは三つの世代でのみ存在することが明らかにされた。もし、それより多くの世代が存在すると、Z⁰の崩壊にもっと多くの選択肢が存在することになり、するとZ⁰の寿命ははるかに短くなってしまう。そのため、かなりの確かさでニュートリノに三つを超す世代は存在しないと考えることができる（第4世代のニュートリノが他の世代の数十億倍の質量——Z⁰の質量の半分以上に当たる45 GeV/c^2を超える質量——をもっていれば話は別だが）。

弱い力と対称性の破れのまとめ

高エネルギーの状況では、弱い力は電磁気力と結びつき、電弱力という一つの力になる。しかし今現在、弱い力と電磁気力とが二つの異なる力として捉えられるのは、ウィークボソンが質量をもち、しかも今のような低エネルギーの状況ではふるまいがまったく異なるためである。

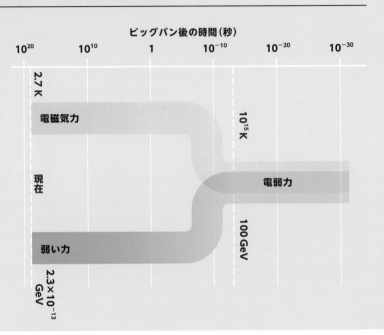

ビッグバン後の時間（秒）

10^{20}　10^{10}　1　10^{-10}　10^{-20}　10^{-30}

2.7 K

電磁気力

10^{15} K

現在

電弱力

弱い力

100 GeV

2.3×10^{-13} GeV

弱荷は2次元で、コインの表裏のような粒子ペアをつくる。

弱い力を運ぶボース粒子には3種類あり、W^- とその反粒子の W^+、そして Z^0（この反粒子はこれ自身）である。

Wボソンは弱荷を反転させ、弱い力によってペアとなったパートナー粒子へと粒子を変換する。つまり、アップタイプクォークのグループとダウンタイプクォークのグループとの間の変換と、荷電レプトンとニュートリノとの間の変換を行なう。

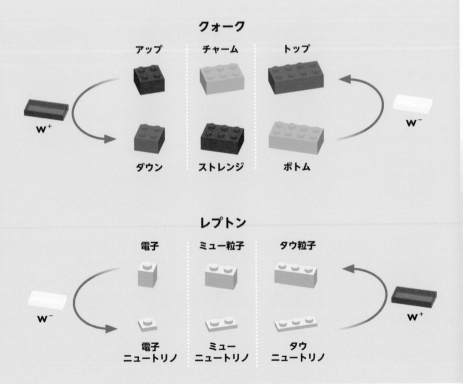

クォーク

アップ　チャーム　トップ

W^+

ダウン　ストレンジ　ボトム　W^-

レプトン

電子　ミュー粒子　タウ粒子

W^-

電子ニュートリノ　ミューニュートリノ　タウニュートリノ　W^+

Z⁰は、ニュートリノと相互作用できることを除いて、質量の大きい光子のようなものである。Z⁰は大質量であるために寿命が短く、その結果、粒子と相互作用する可能性は光子よりもかなり低い。

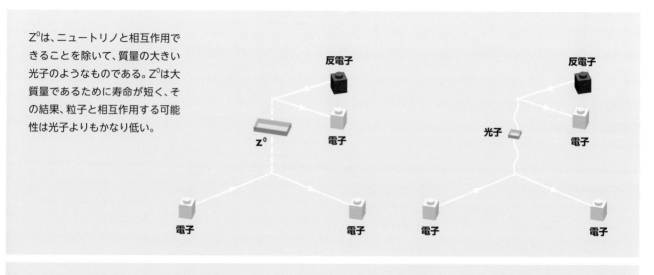

ウィークボソンは質量が大きいため、崩壊して、すべてのレプトンと、最も重いトップクォーク以外のすべてのクォークを生成できる。

クォークは量子混合によってWボソンを交換することで弱い力の粒子ペアだけでなく、質量が小さく逆の弱荷をもつあらゆるクォークへと崩壊できる。

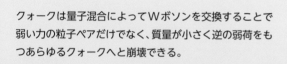

ウィークボソンに質量をもたらすことによって電磁気力と弱い力との間の対称性を破るためには、新しい力が必要となる。次の章でこの新しい力について見ていく。

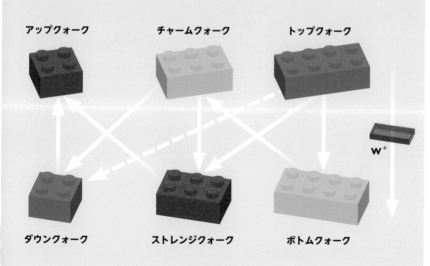

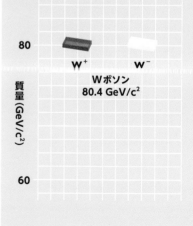

137

粒子はヒッグスボソンを通して、ヒッグス場と相互作用することによって質量を得る

新しい力

電磁気力、弱い力、それに強い力の場には、影響を及ぼせる範囲が限られている。しかし、ウィークボソンに質量を与える第四の力の場は、空間全体に広がっていなければならない。もしそうでなければ、ボース粒子は宇宙の場所によって異なる質量をもつことになってしまう。その力は多くの物理学者によって同時期に提案されたが、ロベール・ブルー、フランソワ・アングレール、ピーター・ヒッグスにちなんでBEH機構として知られるようになった。2013年、ヒッグスとアングレールには、その功績によってノーベル物理学賞が授与された。ブルーは2011年に亡くなっていたため受賞を逸した。

↓2013年のノーベル物理学賞受賞者として発表されて以来、スポットライトの下に出ることに気が進まなかったピーター・ヒッグス教授は、自身の名前がついた粒子と同じように、人目を避けるのがうまいことがわかった。

質量をもつ物質はすべて、BEH場との相互作用によって、その質量をもつようになる。この場との相互作用は、他の力と同様、ボース粒子によってやりとりされる。BEH場のボース粒子は、ピーター・ヒッグスによって最初に提唱された（論文を発表できるようにするために付け加えられたのがこのボース粒子だった）。そのため、ふつうは単にヒッグスボソンと呼ばれる。ヒッグスボソンはすべてのフェルミ粒子やウィークボソンと相互作用するだけでなく、それ自身とも相互作用する。でなければ、ヒッグスボソン自身どのようにして125 GeV/c²の質量をもつというのか？

ヒッグスボソンは粒子と相互作用し、そうでなければ光速で移動する粒子の進路をそらせる。その結果、粒子の速度は遅くなったように見える。アインシュタインの特殊相対性理論によれば、物体が光速に到達できないのは、すなわちその物質が質量をもつということだ。

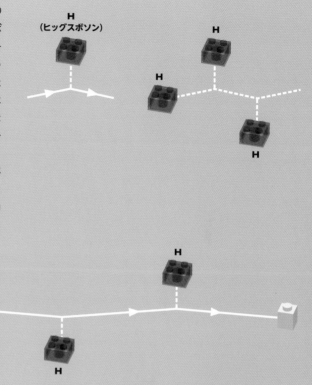

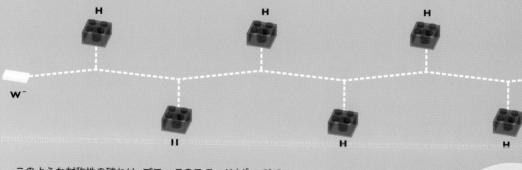

粒子と相互作用するヒッグスボソンが多ければ多いほど、速度はより遅くなり、したがって粒子の質量はより大きくなる。Wボソンが質量をもっているのも、また低エネルギーの状況で電

弱力の対称性が破れ、現在私たちが経験するような電磁気力と弱い力の二つの力がもたらされたのも、ヒッグス場との相互作用によるものだ（132～133ページ参照）。

このような対称性の破れは、ブロックのスタッド（ポッチ）の一つに印をつけたようなものだと考えることができる。印のついていないブロックは90度回転させても対称だが、印がつけられたブロックでは元と同じ状態にならず、明らかに異なっている。BEH場はこれと同じことをやっていて、質量をブロックに与え、高エネルギーにおける電弱対称性を破っている。

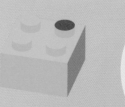

ボース粒子

ボース粒子は自然界の力を交換する粒子であり、粒子の間でエネルギーと荷（チャージ）を運ぶ。

ヒッグスボソンを生成する方法はたくさんあり、崩壊する方法もさらにたくさんある

ヒッグスボソンを探す

BEH場がどこにでもあるなら、なぜヒッグスボソンは私たちには全然見えないのだろうか？ ヒッグスボソンはWボソンやZボソンと同様、質量が大きく、その生成には大きなエネルギーが必要だからだ。日常レベルの低いエネルギーでは、ヒッグスボソンは仮想粒子としてしか存在しない。ヒッグスボソンを直接検出するには、適切な量のエネルギーをぶつけて、その仮想粒子を現実の世界に引っ張り出さなければならない。この試みは大型ハドロン衝突型加速器(LHC)で行なわれており、それには粒子と反粒子の対消滅をともなう四つの方法が採られている。

1

グルーオンの融合： 2個のグルーオンが、トップクォークとその反クォーク、またはボトムクォークとその反クォークを生成し、それらが対消滅してヒッグスボソンを生成する。

2

トップクォークの融合： グルーオンによってつくられたトップクォークと反トップクォークが対消滅し、ヒッグスボソンを生成する。

3

ウィークボソンの放射： さまざまなフェルミ粒子によって放射されたウィークボソンが対消滅して、ヒッグスボソンを生成する。

4

ヒッグスボソンの制動放射： 制動放射(83ページ参照)に似ているが、光子が放射されるのではなく、WボソンあるいはZボソンによってヒッグスボソンが放射される。

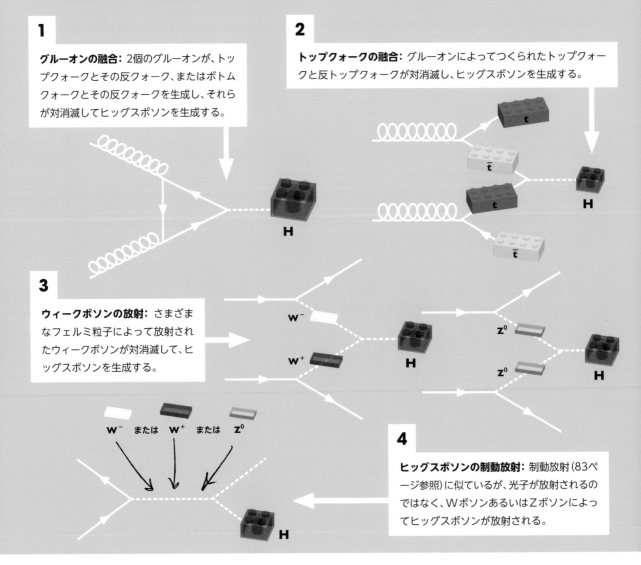

寿命の短いヒッグスボソンは生成されても、すみやかに粒子ー反粒子ペアに崩壊する。ヒッグスボソンの存在は、WボソンやZボソンが発見されたのと同じように、崩壊によって観測される粒子のエネルギーの総和から推測するしかない。もし、エネルギーの総和に既知の粒子では説明できない成分があり、さらにそれが十分に大きければ、そのエネルギー成分は新しい粒子の崩壊で生じたものとしか考えられない。

ヒッグスボソンは質量をもつあらゆる粒子と相互作用し、その結果、質量をもつすべての種類のボース粒子やフェルミ粒子に崩壊する。相互作用する粒子の質量が大きければ大きいほど、ヒッグスボソンはより崩壊しやすくなる。

以下のダイアグラムは、LHCのATLASやCMS検出器などで観測される可能性の高いヒッグスボソンの崩壊である。

1

グルーオンの融合の逆では、トップクォークとその反粒子の対消滅か、ボトムクォークとその反粒子の対消滅を引き起こし、光子が生じる。

光子

光子

H

2

ウィークボソンの対消滅の逆では、最終的に2個のレプトンと2個の反レプトンが生じる。

W⁻

W⁺

H

Z⁰

Z⁰

H

3

ヒッグスボソンは直接、フェルミ粒子とその反粒子のペアに崩壊する可能性もある。最も可能性の高いものは、以下のような大質量のタウ粒子のペアへの崩壊である。

4

同じように可能性が高いものは、ボトムクォークと反ボトムクォークへの崩壊である。これはまだ確認されていないが、ここにあげた他の反応はLHCで確認されている。

ヒッグスボソンの発見

2012年、最初に予測されてからおよそ半世紀が過ぎたのち、みなが待ち望んでいた証拠がLHCのATLASとCMSでの実験からそれぞれ別々にもたらされた。データに見られた変動は、新しい粒子に由来するとしか考えられなかった。その後の数年間で、これは実際にヒッグスボソンであることが確認されたが、それだけなのだろうか？（166〜167ページ参照）

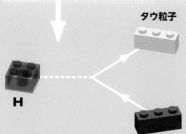

タウ粒子

H

反タウ粒子

b

H

b

粒子には右手系と左手系があり、ヒッグスボソンと相互作用するとそれらが入れ替わる

左と右

　電磁気力、弱い力、強い力はすべて、相互作用の間に粒子のエネルギーやチャージ、粒子の種類に影響を及ぼすが、一見したところヒッグスボソンは粒子に変化をもたらさない。ヒッグスボソンが何をするのか、より踏み込んで説明するには、ギリシャ語で「手」を意味するキラリティーという、粒子の新たな特性について話しておく必要がある。

　粒子には左手と右手のように、似ているが互いに区別できる場合がある。右手と左手は互いに鏡像になっている。ともに手の形をしているが、回転させたり、移動させたりしても完全に同一の物には見えない。本書ではここまで、形や色などの特性でブロックの粒子を区別してきた。強い力や電磁気力に対してはそれで十分だったが、BEH場による弱い力の対称性の破れには、ここで説明するキラリティーが必要になる。

　その特徴は非常に捉えにくく、本書のモデルでキラリティーを知るにはブロックのスタッド（ポッチ）にある印字を見なければならない。たとえば、すべてのブロックにBRICKという文字が印字されているとする。このブロックを鏡に映せば、ブロックに印字された文字はBRICKになる。したがって、ブロックを注意深く見たときにだけ、ブロックが左手系なのか、右手系なのかを決めることができる。

　スタッドの印字は、電磁気的な引力を介して中性の原子ができるしくみや、強い力を介してハドロンができるしくみにはまったく影響しない。スタッドは印字にかかわらずブロック同士を結合できるのだ。強い力と電磁気力は、右手系の粒子とでも左手系の粒子とでも相互作用でき、それは私たちが左右どちらの手でも人に物を渡すことができるようなものだ。

電気的に正の原子核と負の電子は、それらのキラリティー（スタッドに記された文字の向き）に関係なく、互いに引き合う。キラリティーがどうであれ、ヘリウム（上）や水素（下）などの電気的に中性の原子が問題なくつくられる。

BRICK 左手系

BRICK 右手系

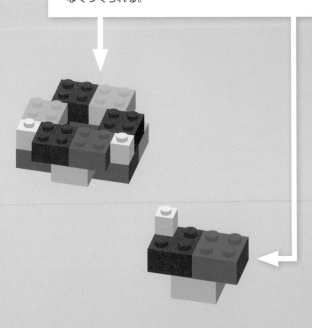

しかし、BEH場の対称性が破れたことによる影響によって、弱い力は左右の区別をするようになる。対称性の破れ以前では、すべての力の相互作用は両手でするハイタッチのようなものであり、左も右も関係なかった。対称性の破れの後、強い力と電磁気力の相互作用は相変わらずハイタッチのようなもののままだっ

たが、弱い力の相互作用は、握手のようなものに変わった。左手は左手と、右手は右手としか握手できない。弱い力は、BRICKと印字された左手系の粒子としか相互作用できなくなった。したがって、BRICKと印字された右手系の粒子は弱い力とはまったく相互作用できない。

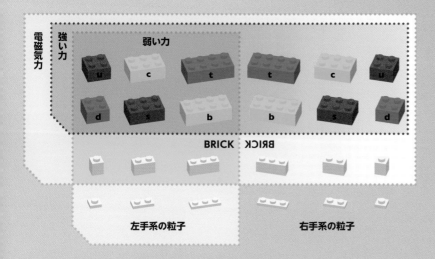

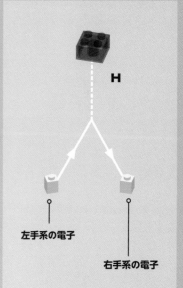

弱い力が反粒子と相互作用するときには、それが逆になる。スタッドに鏡文字でBRICKと印字された右手系の反粒子のみが相互作用し、左手系のBRICKと印字された反粒子とは相互作用しない。

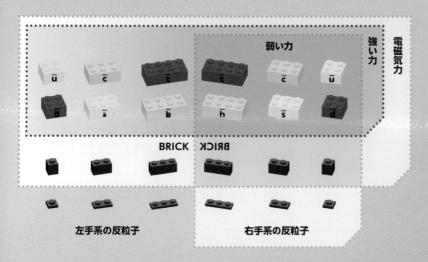

フェルミ粒子がヒッグスボソンと相互作用すると、スタッドの印字を鏡文字にするように、粒子のキラリティーは左手系から右手系へ反転する。このようにして、ヒッグスボソンは左手系粒子と右手系粒子を混ぜ合わせる。それが可能なのは、ヒッグスボソンが弱荷ペアの間にある対称性を破るからだ。この新たな特性によって弱い力は、ストレンジネスの場合と同様（97ページ参照）、電磁気力と強い力の相互作用では保存される対称性を破る。

ニュートリノは最も大量に存在する粒子だが、その観測には巨大な検出器が必要になる

ゴーストをつかまえる

私たちの宇宙には想像を絶する数の原子があり、さらにそれぞれがアップクォークとダウンクォークと電子からできている。それでも、数でニュートリノに勝るフェルミ粒子はない。ニュートリノはビッグバン(40ページ参照)の直後に、弱い力によって陽子が中性子へと変わっていくときに大量につくり出された。

今も、1立方センチメートル当たり(親指の先ほどの体積に)、宇宙ができたばかりの頃につくられたニュートリノが12個存在している。宇宙に存在するニュートリノをすべて足し合わせた数は、互いに結びついている他のフェルミ粒子をすべて合わせた数の10億倍にも上る。

現在でもおびただしい数のニュートリノが、すべての恒星の内部で、宇宙の初期と同じ方法でつくり出されている(46〜47ページ参照)。太陽内部で起きている核融合によってつくられたニュートリノは、私たちの体を1秒間に数百兆個も通り抜けている。ほかにもニュートリノは、放射性元素のベータ崩壊や、Wボソンによって荷電レプトンができる重い粒子の崩壊で放出されたりする。

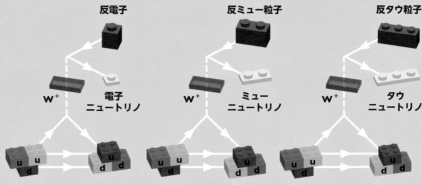

ほとんどのニュートリノ実験では、ニュートリノがWボソンを交換して荷電レプトンに変わることを通して、このゴースト粒子を検出する。荷電レプトンは通常、エネルギーが高く水中を光より速く移動できるため、チェレンコフ放射が起きる(78〜79ページ参照)。その一方で、放射されたWボソンは中性子内のダウンクォークをアップクォークに変換して、中性子を陽子に変化させる。

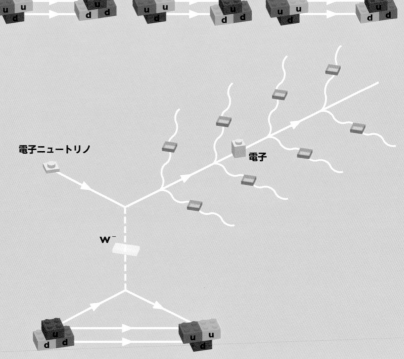

きわめて大量に存在するにもかかわらず、ニュートリノは私たちの身の周りのものとなかなか相互作用しないために、いまだミステリアスな存在のままだ。電荷をもたないとなれば、ニュートリノが何らかのふるまいを起こすには、弱い力と相互作用するしか道がない。ところが、これが起きる確率はきわめて低いため、ニュートリノの検出は運まかせだ。検出器でニュートリノを観測する可能性を上げるために、ニュートリノと相互作用する物質を大量に用意する必要がある。そういう理由で、世界最大クラスの粒子検出器が造られた。

ほとんどの検出器は、ニュートリノがWボソンを交換するときにつくられる荷電レプトンを検出する。水チェレンコフ検出器は、高速で移動する荷電粒子から生じるかすかなチェレンコフ放射を検出する（78〜79ページ参照）。日本のスーパーカミオカンデの検出器は、現在稼働している同様の検出器のなかで最大で、およそ5万トン（オリンピックで使用されるプールの20個分）の超純水をたたえている。1999年から2006年まで稼働していたサドベリー・ニュートリノ天文台も、この技術を利用していた。

サドベリー・ニュートリノ天文台はZボソンが関わるニュートリノの相互作用も検出することができた。それには水素が重水素に置き換わった重水が使われていた。ニュートリノによって交換されるZボソンは、重水素の原子核を陽子と中性子に分ける。その結果できた中性子が他の原子核に吸収されるとき、わずかではあるが検出できる量の光が放出されるのだ。

↑サドベリー・ニュートリノ天文台

ニュートリノと反ニュートリノ

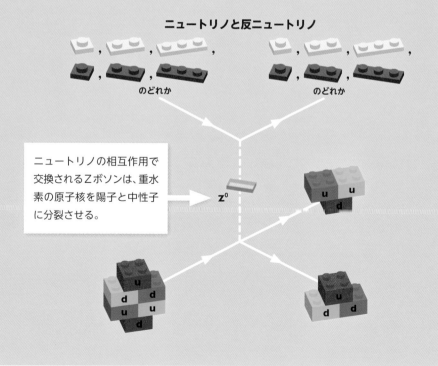

ニュートリノの相互作用で交換されるZボソンは、重水素の原子核を陽子と中性子に分裂させる。

ニュートリノはアイデンティティの危機を抱えていて、長い距離を移動する間に種類が変わる

わたしはだれ？

標準モデルでは初め、ニュートリノには質量がないと想定されていた。それは、ニュートリノが質量をもつ、あるいは質量を必要とするという証拠が存在しなかったためで、ニュートリノはベータ崩壊のときのように弱い力の相互作用でエネルギーを一部運び去るだけだと考えられていた。しかし、ニュートリノの観測が増えていくにしたがい、ニュートリノの挙動はますます奇妙に見えるようになっていった。

太陽内部での核融合反応の生成物として大量につくり出される電子ニュートリノ（46〜47ページ参照）の数は、弱い力と、恒星の大きさと明るさから推測することができる。この太陽ニュートリノを実験で計測するとほどなく、ニュートリノの数が予測値を下回ることが明らかになった。予測の3分の1程度しかなかったのだ。

予測値と観測値の違いは、同様に宇宙線シャワー（95ページ参照）の中でつくられるミューニュートリノにも見られた。ニュートリノは方向に関係なく均等に検出器に到達すると予測されていたにもかかわらず、地球を通り抜けて検出器の下側から届いたニュートリノの数は、上空から検出器に降り注いだニュートリノの数の半分だった。ミューニュートリノの半分がただ消えてしまうなどあり得ない。なにしろ、そんなにも大量のミューニュートリノをさえぎるためには10万光年（45ページ参照）もの厚さのある鉛の塊が必要になるのだ。ミューニュートリノはどこへ行ってしまったのだろう？

以上二つの実験結果が示すのは、ニュートリノは長い移動の後で突然消えてしまったように見えるということだ。ニュートリノは知られているなかで最も軽い粒子であり、他の粒子へ崩壊するという選択肢はない。そのかわり、宇宙線シャワーと太陽ニュートリノを観測したスーパーカミオカンデとサドベリー・ニュートリノ天文台の実験で起きたことは、128〜129ページで説明したクォーク混合に非常によく似ていた。

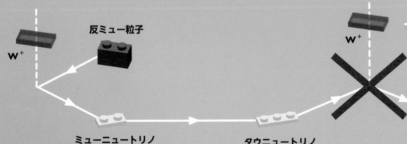

大気中のミューニュートリノは主にタウニュートリノに振動していたが、Wボソンを交換しタウ粒子を生成するほどのエネルギーはない。$E \neq mc^2$であり、そのためタウ粒子は観測されていない。

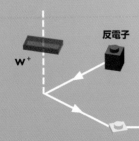

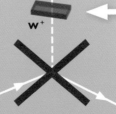

太陽から来る電子ニュートリノはミューニュートリノとタウニュートリノの両方へと振動していたが、Wボソンを交換しミュー粒子やタウ粒子を生成するほどのエネルギーをもっていなかった。

　ニュートリノがつくられたとき、その内部にある三つの歩数計は、電子ニュートリノ100％で他は0％、またはミューニュートリノ100％で他は0％、またはタウニュートリノ100％で他は0％というように、明確な「アイデンティティ」が設定されていた。しかし、ニュートリノが移動するにつれて、各歩数計はそれぞれの速度で動く。時間が経ってから比べれば、歩数計が示す電子ニュートリノ、ミューニュートリノ、タウニュートリノである可能性は同じパーセントではなくなっている。時間が経過してからニュートリノが相互作用すると、生成されたときと

は別種のニュートリノとしてふるまう可能性があるのだ。このことを別の種類に振動したと言う。たとえば、100％電子ニュートリノとして生成された電子ニュートリノが、しばらくのあいだ歩数計が動いた後では、ミューニュートリノとして相互作用する可能性があるのだ。もしこのようなことが起こっていたとしたら、ミューニュートリノはWボソンを交換してミュー粒子を生成するだろうし、さらにそれは初め100％電子ニュートリノだったことから単純に予想されるもの（電子ニュートリノ）ではなくなっているだろう。

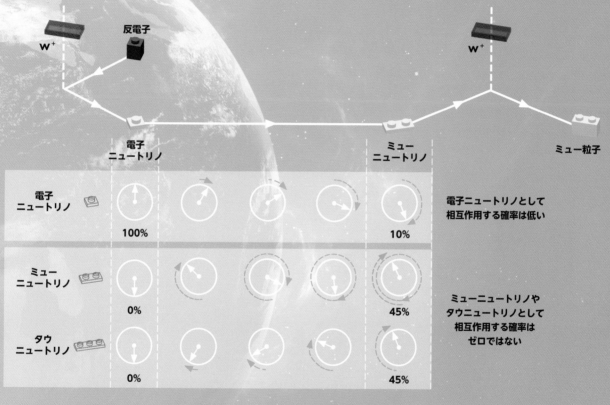

電子ニュートリノとして相互作用する確率は低い

ミューニュートリノやタウニュートリノとして相互作用する確率はゼロではない

　ニュートリノ振動は純粋に量子効果であり、それはニュートリノに起きる。これは、ニュートリノはめったに外界と相互作用しないが、それより高い頻度で内部の歩数計が回転して他のニュートリノと同期しなくなることが許されているためだ。このことによって、太陽ニュートリノと宇宙線のミューニュートリノを調べる実験で出た予想外の結果を説明できる。つまり観測されたニュートリノが予測よりも少なかったのは、一部が検出器に記録されない他のニュートリノに振動してしまったためだ。サドベリー・ニュートリノ天文台にはZボソンの交換を直接検出できる能力が追加されて、すべての種類のニュートリノを検出できた。ニュートリノと相互作用するZ^0の数を計数した結果、その数は太陽からやって来ると予測されたニュートリノの個数とぴったり一致した。

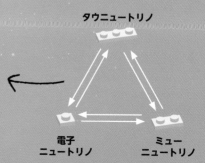

予測されている重いニュートリノによって、
それ以外のニュートリノが他の粒子よりも格段に軽い理由が説明できるかもしれない

つり合わないシーソー

　観測されたニュートリノ振動は、ニュートリノに質量がある場合にだけ起こり得る。粒子の歩数計は、粒子が光速に近づくにつれてゆっくり動くようになる。これはアインシュタインの相対性理論で明らかになった効果で、光速で移動する粒子の場合、歩数計はまったく動かない。光子など質量のない粒子にとって、1秒は相対的に無限に引き伸ばされ、実質的に時間は止まる。それらの歩数計は動かず、そのため光速で移動する粒子は他と同期した状態から外れることなく、永遠に同じ状態を保ち続ける。これはつまり、質量のない粒子にはニュートリノ振動のような現象が起こらないということだ。ニュートリノの場合、歩数計は動いているので、光速より遅い速度で移動しており、そのため質量をもつに違いない。

光子

　ニュートリノの質量は次に軽い粒子である電子の100万分の1である。これほど大きな違いがあるために、標準モデルのニュートリノは、そこまで軽くなれるような特別な関係をヒッグスボソンとの間にもたなければならない。その求めに応じて数学をいじくりまわすのは、多くの物理学者にとって納得しがたいものだ。彼らには、そんなことはエレガントだった理論を台無しにするだけのように感じられるのだ。ニュートリノの質量の起源を説明する、より人気のあった理論には、ヒッグスボソンは含まれていなかった。

　ニュートリノは、電磁気力や強い力を通して他の粒子と相互作用できない。ただし、左手系ニュートリノと右手系反ニュートリノに限っては、弱い力を通して他の粒子と相互作用できる。ということは、右手系ニュートリノと左手系反ニュートリノはどんな力を通しても相互作用できないわけで、それはつまりお互いを見分けることもできないということだ。この事実から、イタリア人物理学者のエットーレ・マヨラナは両者の間に対称性があると提唱した。ニュートリノと反ニュートリノとの間のこの対称性はつまり、これらの粒子がそれ自体の反粒子としてふるまうことができるという意味だ。これはしかし、標準モデルではあり得ないことだ。

エットーレ・マヨラナ

エットーレ・マヨラナは1938年3月25日にパレルモへ向かう途上、預金を全額引き出し、そこでナポリ行きの船に乗ったのを最後に二度とその姿を現わさなかった。彼の失踪にはさまざまな説が出されているが、どれが正しかったにせよ、その日、天才が消えたという事実だけは変わらない。

マヨラナニュートリノ

　この理論は、標準モデルでは一つにまとめられていた4種類のニュートリノを、二つのグループに分けるというものだ。左手系か右手系か、そしてニュートリノか反ニュートリノかの計4種類を、質量の違いで2種類のマヨラナニュートリノに分けたのだ。

質量 ～0.01 eV/c²

左手系のニュートリノと
右手系の反ニュートリノ

質量の軽い
マヨラナニュートリノ

標準モデルのニュートリノ

質量 ～10¹⁵ GeV/c²

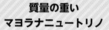

右手系のニュートリノと
左手系の反ニュートリノ

質量の重い
マヨラナニュートリノ

　もし、新しい二つのニュートリノのグループのうち一方が非常に重かったのなら、シーソーに大人と子供が向かい合って乗っているときのように、他方のニュートリノのグループは非常に軽くなる。このシーソー機構によって、弱い力を介して相互作用する左手系ニュートリノと右手系反ニュートリノが非常に軽く見える理由を説明できる。そう見えるのは、ずっと重い右手系ニュートリノと左手系反ニュートリノによって持ち上げられているためにすぎないのだ。ニュートリノが電子の質量の100万分の1である理論的な理由として、これは最も支持されている。しかし、この理論には、標準モデルのニュートリノではなく、マヨラナ版のニュートリノが存在することが必要になる。

右手系の
反ニュートリノ

左手系の
ニュートリノ

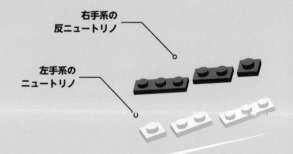

左手系の
反ニュートリノ

右手系の
ニュートリノ

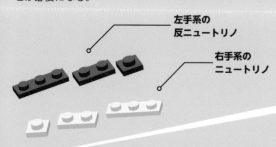

マヨラナニュートリノが存在するのなら、ニュートリノ放射のない放射性崩壊も起こり得る

時間のはじまりを検証する

マヨラナニュートリノが存在するかどうかを検証するためには、ニュートリノがそれ自体の反粒子としてふるまう可能性を調べる必要がある。これは、ニュートリノを伴わない二重ベータ崩壊として知られる過程を探すことによって行なわれる。

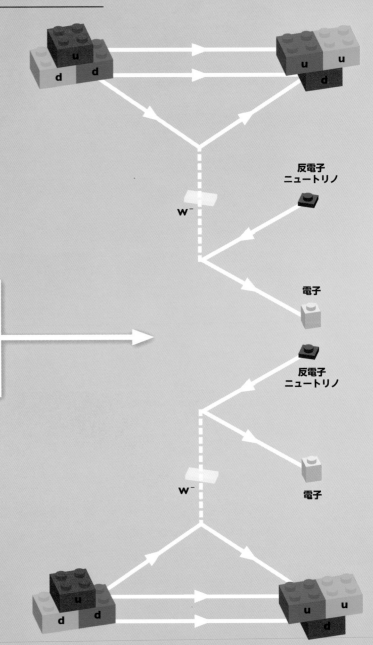

反電子
ニュートリノ

電子

反電子
ニュートリノ

電子

二重ベータ崩壊とは、原子核内で2個の中性子のベータ崩壊(122～123ページ参照)が同時に起きることで、2個の電子と2個の反電子ニュートリノが放射される。一部の放射性同位体で起こることがわかっている。

ベータ崩壊
ベータ崩壊は原子核内の中性子が崩壊する放射性崩壊の一つで、陽子、電子、反電子ニュートリノを生成する。

標準的な二重ベータ崩壊では、解放されたエネルギーの一部がニュートリノで運び去られ、考えられる範囲内のさまざまな量のエネルギーが電子に与えられる。しかし、ニュートリノの放出を伴わない二重ベータ崩壊では、エネルギーを運び去るニュートリノはなく、そのため放射された電子が考えられる最大量のエネルギーを運び去る。ニュートリノを伴わない二重ベータ崩壊を探すためには、実験で電子のエネルギーを注意深く計測する必要がある。もし、考えられる最大のエネルギーをもつ電子の数が大幅に超過していれば、その電子は通常の二重ベータ崩壊ではなく、ニュートリノを伴わない二重ベータ崩壊によって生じたと考えられる。今までのところ思わしい結果は得られていないが、マヨラナニュートリノの探索は続いている。

マヨラナが提唱した右手系のニュートリノと左手系の反ニュートリノは、観測されたニュートリノの質量を見かけ上の小さな質量に近づけられるほどに、非常に大質量でなければならない。シーソー機構の最も単純なものは重いマヨラナニュートリノの質量を、大型ハドロン衝突型加速器や将来計画されている粒子加速器が到達できるよりもはるかに大きい、およそ10^{15} GeV/c^2にまで引き上げる。それほど大質量の粒子は現在では仮想的にしか存在せず、Wボソンよりもはるかに短い時間に消失する。ということは、マヨラナニュートリノの相互作用、たとえば対消滅などはきわめてまれにしか起こらない。ニュートリノを伴わない二重ベータ崩壊が起こる可能性を計測することは、この大質量のニュートリノの寿命を直接計測することであり、したがってその質量を計測することにもなる。

重いマヨラナニュートリノは、宇宙が誕生してから1秒に満たない、ほんのわずかな時間しか経っていない高温の頃にだけ、実在の粒子として存在できたと考えられる。その頃の非常に高いエネルギーでは、電磁気力と弱い力が統一されて電弱力となっていただけでなく、強い力を説明する対称性も、この電弱力と結びついてすべてを包含する力になっていた可能性があると考えられる。そのため、ニュートリノがマヨラナ粒子なのか、そうでないのかを理解しようとすることは、最初期の宇宙と力の起源という、さらに壮大な問いかけをすることになるのだ。

ニュートリノを伴わないベータ崩壊とは、もうおわかりと思うが、二つのベータ崩壊が同時に起きて、しかもニュートリノは放出されないというものだ。この反応は、ニュートリノがマヨラナ粒子（それ自体が反粒子）で、互いに対消滅する場合にのみ可能である。

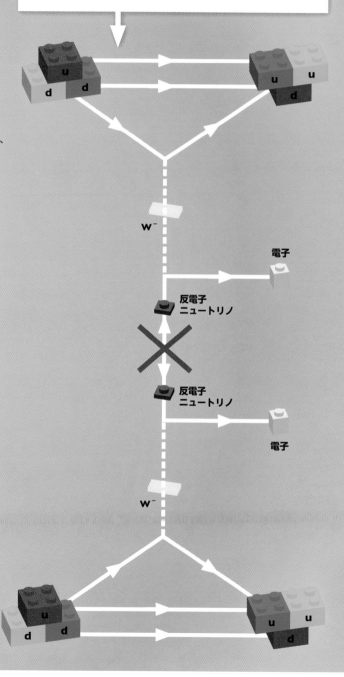

正真正銘の反粒子が生じるのは、チャージとキラリティーの両方が反転したときだけだ

究極の対称性

左手系の粒子と右手系の反粒子のみを選ぶ弱い力の偏りによって、いくつかの対称性は消失する。それでは、粒子と反粒子の間にある真の対称性とはどのようなものだろう? 真の対称性は、粒子と反粒子が対消滅するときや、ボース粒子が粒子-反粒子ペアをつくり出すときには必ず顔を出すと考えられる。

チャージ変換

第1章で、粒子を反粒子へと変換するためには、電荷か強い力の色荷を変換/反転させさえすればよいと書いた。こうすることで、各種粒子(反粒子)のチャージは変わるが、それらが左手系か右手系かといった、他の特性には影響しない。そのため、チャージ反転を利用すれば、左手系の粒子を左手系の反粒子に変換することができる。しかし、右手系の反粒子だけが弱い力と相互作用するため、弱い力と相互作用しない粒子(反粒子)に行き着くと、それで終わりになるはずだ。粒子の相互作用が変わってしまったため、チャージ変換は対称ではない。

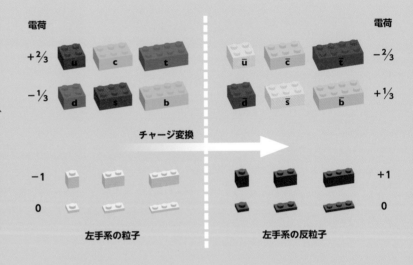

パリティ変換

粒子の左手系あるいは右手系を変換するためには、別の「鏡」が必要になる。この鏡はパリティ変換と呼ばれ、右左だけでなく、上と下、前と後ろを含めたすべての空間軸で反転させる。しかしパリティ変換では、粒子のチャージは変わらない。左手系の粒子を右手系の粒子に変えることは、弱い力と相互作用しない右手系の粒子で反応が止まることから、対称ではない。

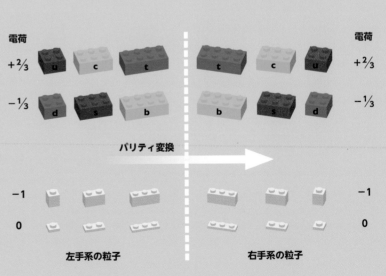

チャージ変換＋パリティ変換

　チャージ変換とパリティ変換を組み合わせると、すべての左手系の粒子が右手系の反粒子に変換される。これによって、すべての粒子は、チャージの大きさ（絶対値）が変わらず、しかも弱い力と相互作用できる状態のままになる。これが、粒子と反粒子の間にある真の対称性だ。現在、このチャージ–パリティ変換

は宇宙線と粒子加速器で観測される。それは、ボース粒子が粒子—反粒子ペアを生じるときは毎回見られ、また粒子と反粒子のペアが対消滅してボース粒子をつくり出すときに観測される。それぞれの相互作用は、関係する粒子と反粒子の数がつり合っているように見える。

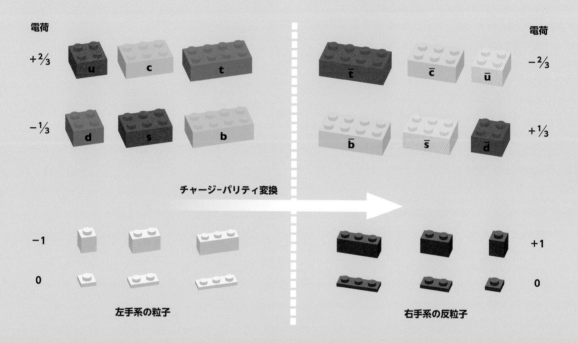

電荷

$+\frac{2}{3}$　u　c　t

$-\frac{1}{3}$　d　s　b

チャージ–パリティ変換

-1

0

左手系の粒子

電荷

$\bar{t}$　$\bar{c}$　$\bar{u}$　$-\frac{2}{3}$

$\bar{b}$　$\bar{s}$　$\bar{d}$　$+\frac{1}{3}$

$+1$

0

右手系の反粒子

パリティの破れ

　もしパリティ対称性が自然界の真の対称性だったとすれば、空間の一つの方向に偏るような相互作用は起こらないはずだ。電磁気力と強い力が関わるすべての相互作用は、特定の方向を好むことはなく、粒子の放射方向は均等である。1956年、中国人の理論物理学者の李政道と楊振寧は、パリティ対称性が弱い力の相互作用では検証され得ないことを指摘した。李は、弱い力についてパリティは対称性ではないという自分たちの直感について研究するように、コロンビア大学の同僚の呉健雄を説得。呉はコバルト60の原子を極低温に冷却し、強磁場によって一定の方向にそろえて（偏極させて）、コバルト60のベータ崩壊によって放射される電子

の方向を注意深く計測した。もし、パリティ対称性が守られていれば、電子は全方向に放射される。しかし実際には、ほとんどの電子が一方向のみに放射されていた。それに引き換え、崩壊の際に一緒に放射された光子は全方向に均等に放射されていた。このことからわかったのは、弱い力によるベータ崩壊から生じる粒子は空間の一つの方向に偏っており、それは弱い力のパリティ対称性が破られたときにだけ起こり得るということだった。現在では、弱い力は左手系の粒子と右手系の反粒子の間でのみ相互作用し、電磁気力と強い力は相互作用の相手が左手系か右手系かに影響されないことがわかっている。

自然は対称ではなく、粒子と反粒子を別のものとして扱う

対称性の裂け目

　現在観測できる宇宙は、標準モデルの12種類の物質粒子でできている（例外として、同数の粒子と反粒子が形成されるほど十分に高いエネルギーをもつ特別な場所はその限りではない）。第2章では、これらのすべての物質粒子がどこから生じたのかという議論をすべて飛ばして、物質ではなくエネルギーとして存在していた頃に起きたビッグバンのあとは、クォークと電子のスープと、その後すぐに起きた原子の形成へと話を一気に進めた。それでは、いよいよここで省略した部分について話をしよう。

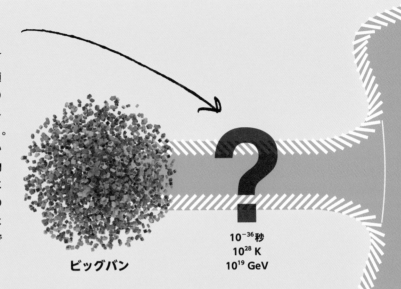

ビッグバン

10^{-36}秒
10^{28} K
10^{19} GeV

　前のページで説明した、チャージ–パリティ対称性が真の対称性であれば、ビッグバンのときの純粋なボース粒子のエネルギーから、粒子と反粒子が同じ数ずつつくられたはずだ。宇宙が冷えていくにつれ、粒子と反粒子は互いの電気的な引力に打ち勝つことができなくなり、ついには互いに結びついて対消滅し、光子が生じることになる。すると、現在の冷たくなった宇宙は、粒子－反粒子の対消滅から生じた光子と、弱く相互作用するニュートリノで満たされただけのものだったはずだ。しかし、私たちは存在している。

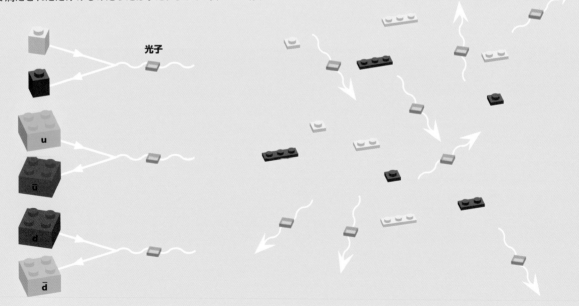

光子

u

ū

d

d̄

その答えは、クォークの混合（128〜129ページ）とニュート
リノの混合（146〜147ページ）にあると考えられている。チャ
ージ-パリティ対称性の変化は、粒子全体としては力の相互作
用に変化をもたらさないが、粒子内部の歩数計にはわずかな変
化を引き起こす。これは小さな欠陥だと考えられており、歩数
計の回転する速さに影響を及ぼす。この欠陥による影響は粒子
と反粒子で正反対である。もしこの欠陥が、ある粒子の歩数計

の回転速度を速めれば、反粒子のチャージ-パリティ反転され
た歩数計の速度は遅くなる。この欠陥をチャージ-パリティ対
称性の破れ（CP対称性の破れ）といい、それ以外の点では完璧な
対称性にほんのわずかな裂け目を入れる。この裂け目が意味し
ているのは、すべての反物質が物質と接触して対消滅したとき、
ティーカップに残った紅茶の葉のように、わずかな量の物質が
残存したということだ。

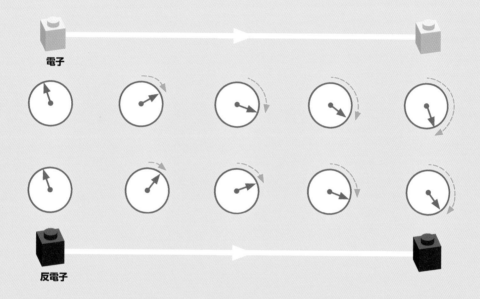

電子

反電子

日常的な例で、物質と反物質が同じ量あるという、この対称
性をうまくたとえることができる。下のエッシャー風の絵で白
は物質、黒は反物質を表わしている。電荷（白と黒）を反転させ、
さらにパリティ（左右と上下）を反転させても、一見、最初の絵
と最後の絵は同じに見える。しかしよく見れば、両者にはわず

かな違いがあるのがわかる。見つかっただろうか？ 魚の眼を
よく見比べてほしい。チャージ-パリティ対称性の変化が引き
起こした粒子内部の歩数計のわずかな違いは、自然界が反物質
よりも物質を好むという結果を引き起こしたわけだが、これは
1000万分の1以下の偏りでしかなかった。

オリジナル

変換後

クォークと反クォークの間の不均衡は、何兆もの相互作用を調べることで発見された

干し草の山から針を探す

　反物質よりも物質を優先することを示す事象が起きるのはきわめてまれだ。そのため、そうした事象の証拠を見つけるためには大量のデータをふるいにかける必要がある。クォーク混合で生じる歩数計の欠陥は、何百万個もの重い中間子の崩壊を調べることによって計測できる。チャージ–パリティ対称性の破れの最初の証拠は、中性のK中間子を観測することからもたらされた。

　中性のK中間子には、反ストレンジクォークとダウンクォークでできたK⁰と、ストレンジクォークと反ダウンクォークでできたK̄⁰の識別可能な2種類のバージョンがある。ニュートリノ混合（146〜147ページ）とちょうど同じようにクォーク混合が起こる結果、中性のK中間子はこれらの二つのクォーク配置の間で振動する。

重いクォークや重い反クォークと同じように、弱い力によって、いつもK中間子のストレンジクォークの方が崩壊する。K⁰の反ストレンジクォークはW⁺を交換して反アップクォークへ崩壊し、W⁺は反電子を生成する。

K̄⁰のストレンジクォークはW⁻を交換してアップクォークへと崩壊し、W⁻は電子を生成する。

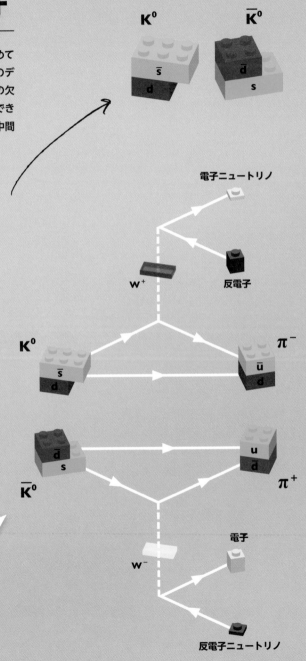

もし、物質と反物質が等しく取り扱われるとすれば、K中間子の崩壊が起こるとき、その頻度はK^0と$\overline{K}{}^0$で等しくなるはずだが、現実にはそうならない。この対称性は、クォーク内部の歩数計にある欠陥によって破られる。この欠陥によって、K^0と$\overline{K}{}^0$間の振動では、電子(物質)を生成する$\overline{K}{}^0$の崩壊が起きる確率の方が高くなっている。しかしその違いはわずかで、ほんの0.3%に過ぎない。仮に宇宙が誕生してから今までに崩壊したであろう数のK中間子があったとしても、それで私たちの宇宙のすべての物質を説明することはできない。

クォークの間のチャージーパリティ対称性の破れの全体像をつかむために、中間子を含めた、重いボトムクォークとチャームクォークの崩壊も実験で調べられた。日本のBelle実験やCERNのLHCの一部であるLHCbで最近行なわれた実験などは、偏りを探すために数百万個の中間子を徹底的に調べた。こうした実験でも、ボトムクォークとチャームクォークの崩壊も反物質より物質が優位になることが明らかになった。しかしすべてをひっくるめても、クォークに見られるチャージーパリティ対称性の破れでは、すべての物質が存在するようになった経緯を説明できない。

K中間子

K中間子は2番目に発見された中間子である。K中間子は1個のストレンジクォークか、1個の反ストレンジクォークを含むストレンジ粒子である。

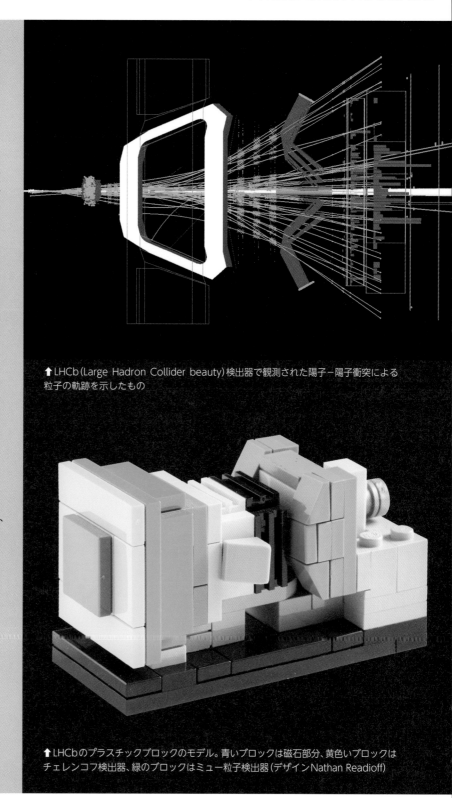

↑LHCb(Large Hadron Collider beauty)検出器で観測された陽子−陽子衝突による粒子の軌跡を示したもの

↑LHCbのプラスチックブロックのモデル。青いブロックは磁石部分、黄色いブロックはチェレンコフ検出器、緑のブロックはミュー粒子検出器(デザインNathan Readioff)

チャージ–パリティ対称性の破れの証拠を見つけるため、研究者たちはレプトンに注目している

レプトンに目を向ける

今、レプトン、とりわけニュートリノに注目が集まっている。レプトンを混合するということはつまり、ニュートリノが振動するということだ。中性のK中間子と同じように、ニュートリノと反ニュートリノとで振動する確率に違いがあれば、それはただちに粒子と反粒子の間の対称性に裂け目があるということになる。

K中間子が振動する確率を決定することは、ニュートリノの場合に比べたら簡単だ。K中間子は、寿命が有限で崩壊して計測可能な荷電粒子になるし、加えて加速器内の2本の粒子ビームが衝突するという、あらかじめわかっている位置に生じる。

一方、ニュートリノはめったに外界と相互作用することがなく、相互作用を促すようなものもない。また、ニュートリノのビームを発生させることはできるが、検出器内のどこでニュートリノが相互作用するのかを厳密に予測する方法はまだ見つかっていない。

こうした要因が重なって、ニュートリノ振動を理解しようとすることは中間子の場合とはまったく異なる挑戦になっている。21世紀の今、ニュートリノの人工ビームを使って、ニュートリノが異なる種類の間で振動する可能性について、ようやく本当に理解され始めている。私たちはニュートリノ内部の歩数計がどのように進むかを計測しているものの、それらの振動のしかたにはまだ不明な点がある。とはいえ、私たちは徐々に答えに近づいている。

日本の東海—神岡のニュートリノ振動実験（T2K）やアメリカでのNOvA実験で行なわれている、最新世代のニュートリノ振動実験では、まさにこの情報に焦点が絞られている〔図はこの実験でのニュートリノの生成方法を示している〕。ニュートリノがどのように振動するのかを正確に理解すれば、あとは反ニュートリノがそれとまったく同じようにふるまうかどうかを検証するだけだ。そのためには、実験ではビームの磁場を変え、反対の電荷をもったパイ中間子に焦点を絞る。すると、反ニュートリノが負の電荷をもつパイ中間子から生成される〔図とはパイ中間子の電荷の正負が逆になる〕。チャージ–パリティ対称性の破れを示すヒントなら、ニュートリノと反ニュートリノの振動を比較するこれらの初期の実験ですでに上がり始めているが、さらなる証拠が必要とされる。

ニュートリノビームの発生方法

陽子

1

2

1 粒子加速器から高エネルギーの陽子を取り出す。

2 パイ中間子のシャワーを生じる軽い元素（たとえば炭素）でつくった目標物に陽子を当てる。

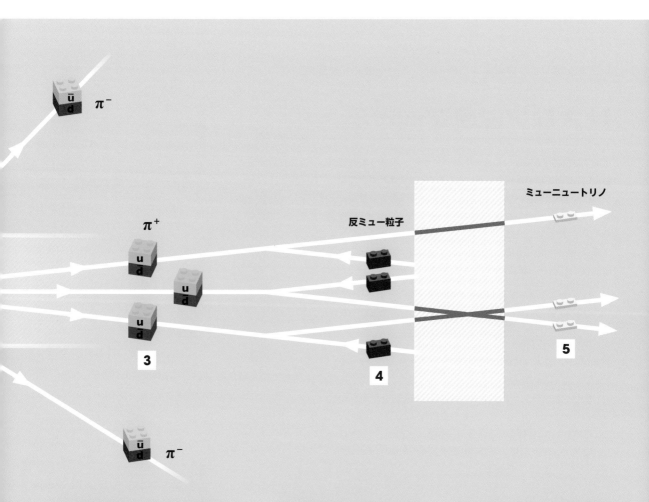

π⁻ ū d

ミューニュートリノ

π⁺ u d

反ミュー粒子

u d

u d

3

4

5

ū d π⁻

3 強力な磁場を使って、一方の電荷をもったパイ中間子を集束ビームへ曲げる。同時に、反対の電荷をもったパイ中間子を中心部のビームから離れた反対方向へ曲げる。

4 パイ中間子がミューニュートリノと反ミュー粒子のペアへと崩壊する時間を与える。

5 コンクリートや鉄でできた巨大なブロックで反ミュー粒子を止め、ミューニュートリノのみを通過させ、数キロメートル離れたところでニュートリノビームとして検出する。

レプトン

レプトンは物質を構成するフェルミ粒子の半分をなす粒子。レプトンは強い力を感じることはなく、電荷をもつもの（電子、ミュー粒子、タウ粒子）と電気的に中性なニュートリノ（電子ニュートリノ、ミューニュートリノ、タウニュートリノ）の2種類に分けられる。

レプトンの数が反レプトンよりも多ければ、
レプトンはつり合いを保つためにバリオンへ変化するに違いない

壮大なアイデア

粒子が反粒子より多いことを示すチャージ–パリティ対称性の破れは、クォークで確認されている。しかしそれは、物質で満たされている私たちの宇宙を説明できるほどのものではない。ということは、粒子と反粒子の間の偏りは、レプトンにおいて、その不足分を埋め合わせられるほど大きくなっているに違いない。つまり、チャージ–パリティ対称性の破れのみによって、レプトンだけはすべて生み出されるだろうが、現在の宇宙のクォークからなるバリオンがすべて生み出されはしないだろうということだ。

読者のみなさんは、粒子の相互作用で保存されると考えられる自然界の対称性がほかにもあることに、もうお気づきかもしれない。一つはバリオン数で、クォークの数から反クォークの数を引いたものに1/3をかけたものだ。

レプトンにはクォークがまったく含まれないためそのバリオン数は0になるが、レプトンにも保存量があり、レプトン数と言う。電荷をもつレプトン（電子、ミュー粒子、タウ粒子）とそれらに対応するニュートリノのレプトン数は＋1で、これらの反粒子のレプトン数は－1となる。

ここで本書を見返してみよう。図示されたすべての相互作用で、バリオン数とレプトン数が保存されていることに気づくはずだ。ここでは、ベータ崩壊を例に挙げる。

$$\text{バリオン数 } B = \frac{1}{3} \left[\text{クォークの数} - \text{反クォークの数} \right]$$

$B = \frac{1}{3}(3-0) = 1$

陽子、中性子、その他のバリオンのバリオン数は1

$B = \frac{1}{3}(0-3) = -1$

反陽子、反中性子、その他の反バリオンのバリオン数は－1

$B = \frac{1}{3}(1-1) = 0$

同数のクォークと反クォークからなる中間子のバリオン数は0

$$\text{レプトン数 } L = \left[\text{レプトンの数} - \text{反レプトンの数} \right]$$

チャージ–パリティ
対称性の破れ

粒子と反粒子の間に存在する対称性は、粒子のチャージの変換と空間の反転に関係する。この対称性の破れは、初期の宇宙で粒子が反粒子よりも優先された原因だと考えられている。

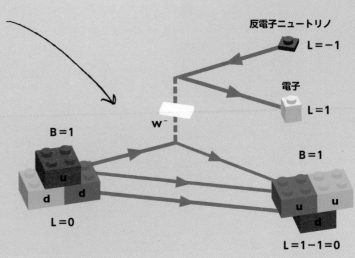

反電子ニュートリノ $L = -1$

電子 $L = 1$

W^-

$B = 1$ u d d

$L = 0$

$B = 1$ u u d

$L = 1-1 = 0$

もし、バリオン数とレプトン数がそれぞれ別個に保存されるとすれば、バリオンはどんな相互作用によってもレプトンになることはできない。この前提に立てば、クォークが反クォークよりも優先された以上に、レプトンが反レプトンよりもさらに優先されたと考えられ、それならレプトンがバリオンよりかなり多く存在することになる。しかし現在、そんな状況は見られない。この不均衡が解消されるためには、レプトンをバリオンに変化させる何らかの過程が存在するに違いない。つまり、バリオン数とレプトン数の対称性の破れがあるはずなのだ。

> ビッグバン直後のようなきわめて高いエネルギーでは、強い力、弱い力、電磁気力を説明する対称性は一つに統一されていたと考えられる。そのとき生じる新しい対称性では、粒子がバリオンであるかレプトンであるかは問題にならず、両方の合計した数（バリオンの総数からレプトンの総数を引いた数：B−L）だけが保存される。

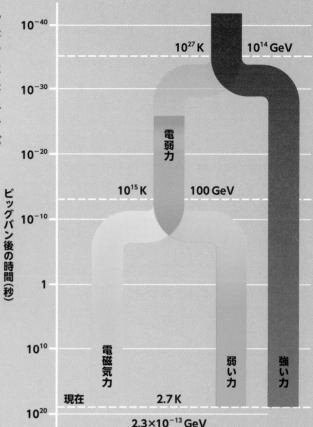

スファレロン

スファレロンという新しい存在が関わる過程によって、レプトンはバリオンになることができ、その結果、バリオン数は増え同じ数だけレプトン数は減る。スファレロンを説明する対称性は標準モデルの他の対称性を守るため、スファレロン過程の前後で、全体の電荷はゼロになり、色荷に変化は生じない。

スファレロンは粒子ではなく、粒子内部の歩数計に生じる変更だ。この変更によって、レプトンとバリオンがつり合うまで、レプトンがバリオンに置き換えられる。そのため、この変換をファインマン・ダイアグラムに表現できない。スファレロンとチャージ–パリティ対称性の破れを用いれば、標準モデルの、物質をつくるすべての基本ブロックがそもそもどこからもたらされたのかを説明できる。

今のところ、バリオン数あるいはレプトン数の破れを示す証拠は存在せず、理論どまりではあるが、これは今ある理論で最も優れたものだ。日本のスーパーカミオカンデなどで行なわれている実験では、陽子が中性のパイ中間子と反電子に崩壊する様子を観測しようとしている。この崩壊は、バリオン数とレプトン数の対称性が破られ、しかも「B−L」が保存されるという新しい大統一対称性がある場合にだけ起こるのだ。

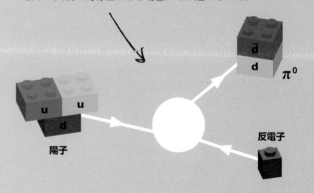

大きな問題を解決するためには、高エネルギーで使える新しい理論が必要だ

課題

1.22×10^{19}

量子に適用される電磁気学である量子電磁気学は、考案された当初はうまくいかなかった。ファインマン・ダイアグラムに描かれたどんな粒子の相互作用も、どんどん拡大していけば、不確定性原理（116〜117ページ）によって粒子−反粒子ペア間のループが許容されてしまう。2個の電子は相互作用して散乱できるが、反応の間で借りたエネルギーから一瞬にして生じるあらゆる個数の仮想粒子が存在できる。これによって、意味のない可能性が無限に生じるのだ。

計算から意味のある答えを得るために、理論研究者は標準モデルがうまくはたらかなくなるところを、エネルギーの上限値として設定する必要がある。このエネルギーの上限値はプランクスケールと呼ばれ、標準モデルの粒子が1.22×10^{19} GeVを超える質量あるいはエネルギーをもつことはできないと規定している。これによって、無限の仮想的な量子ループの可能性は取り除かれ、意味のある（通常の）答えに落ち着く。ここからはっきりと読み取れるのは、標準モデルの枠組みに収まりきらない何か、人為的なエネルギーの上限を超える何かがあるに違いないということだ。アインシュタインの相対性理論に対してニュートン力学がそうだったように、標準モデルは何らかの統一理論の、低エネルギーにおける近似モデルだったのだ。

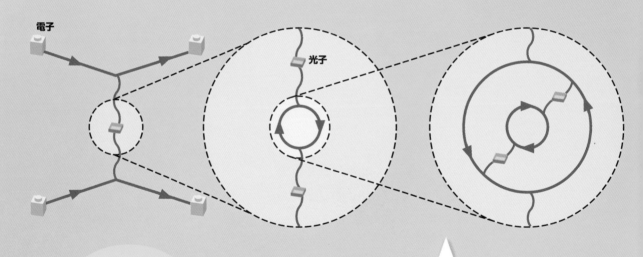

電子

光子

プランクスケール
標準モデルを適用できるエネルギーの上限値のことで、このエネルギーを超える場合は新しい理論が必要になる。

粒子の相互作用をどんどん細かく調べていくと、話は複雑になるばかりだ。単純な光子の交換であるように見えるものには、粒子と反粒子のループがいくつも含まれていたり、大量の光子が隠れているかもしれない。

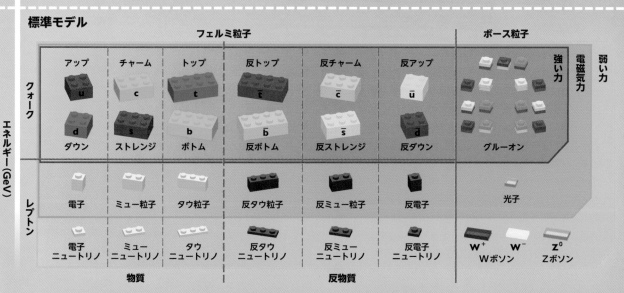

プランクスケール ──《新しい》理論が必要に

標準モデル

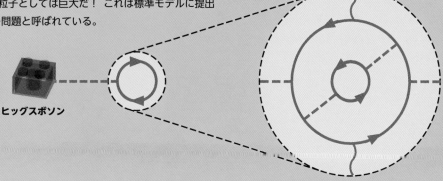

上限があったとしても、ヒッグスボソンは計測されているほどの軽さであっては
いけない。すべてのヒッグスボソンの相互作用に現われるフェルミ粒子のループに
よって、ヒッグスボソンの観測された質量はプランク質量にまで引き上げられなけ
ればならない。プランク質量とはノミの卵と同じぐらいの大きさで、人間の基準か
らはそう大きくはないが、1個の素粒子としては巨大だ！ これは標準モデルに提出
された重大な疑義で、ヒエラルキー問題と呼ばれている。

すべての量子理論と同様に、標準モデルは現象がどのように起
こるのかを説明するだけだ。量子物理学は実験で観測されたこ
とを説明する枠組み以外の何物でもなく、実験の結果がなぜそ
うなったのかを教えてはくれない。これは多くの物理学者にと
って大問題だ。たとえるなら、政治家が市民に、政府でどのよう
に重大な決定がなされたかということを伝えても、なぜそうな
ったのかを知らせないようなものだ。この「なぜ」という疑問は、
すべてのもののいちばん深い理解に直結し、また標準モデルの
向こう側の理論を見つけようとする科学を前進させる原動力で
もある。

暗黒物質や暗黒エネルギーについて、標準モデルからは一つも候補があがっていない

暗黒の領域

標準モデルは観測できる宇宙のすべてを記述する。しかし、宇宙論的に最も大きなスケールで宇宙を計測すると、標準モデルで説明できる物質が全エネルギーのわずか5%を占めるに過ぎないことがわかった。残りの部分は暗黒、つまり電磁気力と相互作用しないために見ることができない。大部分のおよそ69%を占めるのは暗黒エネルギーであり、重力に抗って速度を上げながら宇宙を膨張させている。何もない空間である真空は、実際には仮想的な粒子－反粒子ペアが現われては消える極小スケールの活動に満ちあふれている。これが暗黒エネルギーの源となっている可能性はあるが、それではほとんど説明できない（実際には$1/10^{120}$に相当するだけだ）。暗黒エネルギーについて、私たちはまさに暗闇の中にいるのだ。

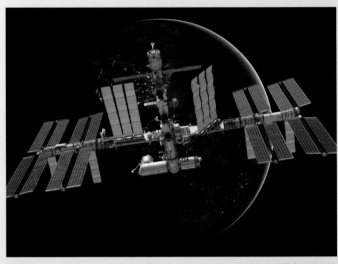

↑国際宇宙ステーションの外部に備え付けられたアルファ磁気分光器（AMS-02）は、起きると考えられている暗黒物質の崩壊を探している

私たちの宇宙のエネルギーのおよそ25%は暗黒物質の中に閉じ込められているようだ。暗黒物質とは、ガスや星を重力のもとにまとめあげて銀河を形成するものだ。標準モデルからは、暗黒物質を構成するものについて適切な候補があげられていない。ニュートリノが候補としてあがっているが、ニュートリノはあまりにも軽く、非常に高速で移動するために重力によって互いにまとまることができない。しかも、高速で移動するニュートリノは現在私たちが考えているよりもずっと希薄で、銀河についたシミ程度の存在なのかもしれない。

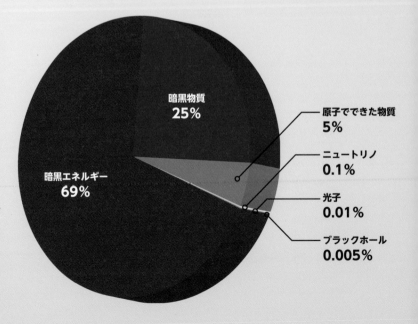

暗黒物質
25%

原子でできた物質
5%

ニュートリノ
0.1%

光子
0.01%

ブラックホール
0.005%

暗黒エネルギー
69%

WIMPの検出

　暗黒物質はふつうの物質のように粒子でできていると考えられる。暗黒物質粒子として唯一考えられるのは、弱い力か重力を介して相互作用するものだ(そうでなければたやすく検出されているはずだ)。そのため、暗黒物質粒子はWIMP(弱い相互作用をする質量をもつ粒子)と名づけられている。WIMPを検出するには三つの方法がある。

1 世界中の優れた高感度粒子検出器を動員して、検出可能な標準モデル粒子にエネルギーを与える暗黒物質粒子から直接ヒットを狙うもの。これは、宇宙線や他の粒子が間違って暗黒物質として検出されないように、世界中の巨大な地下空間ですでに行なわれている。これらの実験では誤検出が大量に起こったが、証拠も集まってきている。暗黒物質が実際にこうした結果を引き起こしたのか、あるいは実験上の統計的な誤差なのかが明らかになるには、あと数年はかかるだろう。

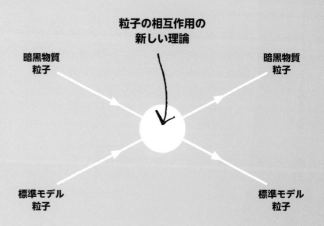

2 暗黒物質粒子が対消滅して、計測可能な標準モデル粒子を形成している証拠を探すもの。国際宇宙ステーションに搭載されたアルファ磁気分光器(AMS-02)は、宇宙線粒子の衝突エネルギーを慎重に計測し、暗黒物質の相互作用のヒントを探している。フェルミ・ガンマ線天文衛星も、暗黒物質粒子が対消滅したときにだけ生じる高エネルギーの光子を探している。

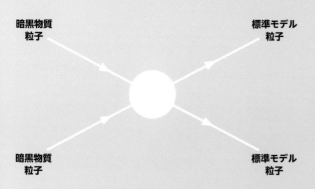

3 標準モデルの粒子同士を衝突させて、暗黒物質粒子が生成されるのを期待するもの。この研究は大型ハドロン衝突型加速器のATLASおよびCMS検出器ですでに行なわれている。暗黒物質粒子はニュートリノがそうだったように、実験で見逃されていたという可能性がある。その場合、暗黒物質を見つけるには、予期しないエネルギーの損失を探せばよい。現在のところ、そういう粒子の確たる証拠は見つかっていない。

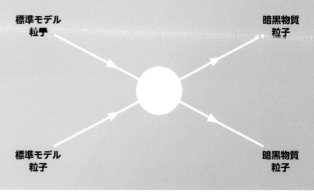

新しい対称性から、暗黒物質の候補となる新しい粒子が予測されている

超対称性

対称性の成功にこだわれば、ある拡張版の標準モデルからは、フェルミ粒子（物質を構成する粒子）とボース粒子（力を伝える粒子）の間に対称性が存在することが示唆される。大仰にも超対称性と呼ばれるこの新しい対称性からは、まったく新しい、超対称性粒子（またはスパーティクル）と呼ばれる粒子のセットが予測される。このセットは、ボース粒子のようにふるまう超フェルミ粒子、フェルミ粒子のようにふるまう超ボース粒子からなる。この理論を使えば、標準モデルにともなう多くの問題を解決できる。

超対称性には必要になる粒子が増える。たとえば、ヒッグスボソンには複数の種類がある。実際には、最も単純な超対称性理論でも5種類に上る！ 3種類の電気的に中性なヒッグスボソン（このうち1種類はLHCで検出されたもの）と、2種類の電荷をもつヒッグスボソンである。これらのヒッグスボソンの超対称性パートナーはヒッグシーノである。

フェルミ粒子の超対称性パートナーの名前はそこまで独創的ではなく、単純に名前の前にs（superの意）を付け足しただけで、クォークはスクォーク、レプトンはスレプトンというぐあいだ。同様に、電子はセレクトロンで、ミュー粒子はスミュー粒子、タウ粒子はスタウ粒子、そしてニュートリノはスニュートリノになる。グルーオンの超対称性パートナーだけはグルイーノという。

	フェルミ粒子			ボース粒子		
クォーク	アップ u / ダウン d	チャーム c / ストレンジ s	トップ t / ボトム b	スアップ u / スダウン d	スチャーム c / ススストレンジ s	ストップ t / スボトム b	スクォーク
レプトン	電子 / 電子ニュートリノ	ミュー粒子 / ミューニュートリノ	タウ粒子 / タウニュートリノ	セレクトロン / セレクトロンスニュートリノ	スミュー粒子 / スミュースニュートリノ	スタウ粒子 / スタウスニュートリノ	スレプトン

しかし、電弱ボース粒子の超対称性パートナーとなると、増えたヒッグシーノによって事態は複雑になる。超ヒッグシーノによる超ボース粒子混合の結果、チャージーノと呼ばれる電荷をもった4種類の超対称性粒子と、ニュートラリーノ（ニュートリノと混同しないように！）と呼ばれる電気的に中性な4種類の超対称性粒子ができるのだ。

チャージーノは標準モデルのWボソンを交換してニュートラリーノに崩壊でき、ニュートラリーノは標準モデルのZ^0を交換することで最も軽いニュートラリーノに崩壊できる。最も軽いニュートラリーノ（$\tilde{\chi}_1^0$）は安定で崩壊しにくいと考えられ、暗黒物質WIMPの候補として完璧だ。

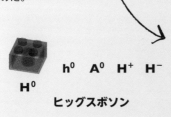

h^0 A^0 H^+ H^-

H^0

ヒッグスボソン

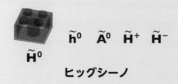

$\tilde{h}^0$ $\tilde{A}^0$ $\tilde{H}^+$ $\tilde{H}^-$

$\tilde{H}^0$

ヒッグシーノ

W^+ W^- Z^0 光子

Wボソン **Zボソン** **光子**

$\tilde{\chi}_1^+$ $\tilde{\chi}_1^-$ $\tilde{\chi}_2^+$ $\tilde{\chi}_2^-$　　$\tilde{\chi}_1^0$ $\tilde{\chi}_2^0$ $\tilde{\chi}_3^0$ $\tilde{\chi}_4^0$

チャージーノ **ニュートラリーノ**

このボース粒子の複雑な階層のせいでヒッグスボソンの予測される質量はとてつもなく大きくなってしまうが、これは仮想的な超対称性粒子のループで解決することができる（ファインマン・ダイアグラムでは、超対称性粒子もボース粒子として破線で示される）。この超対称性粒子のループによって、それがなければ標準モデルのヒッグスボソンの計測された質量を押し上げていただろう粒子のループが打ち消される。

 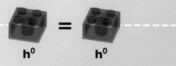

h^0 h^0 h^0 h^0 h^0 h^0

超対称性粒子は、もし存在するのなら、この理論の要であるヒッグスボソンと同じ程度の質量をもつはずだ。しかし執筆時点で、超対称性粒子はLHCでただの一度も観測されておらず、のちの実験で得られたデータからも、超対称性によって増えるはずのヒッグスボソンは観測されず、標準モデルから要求されるヒッグスボソンの存在だけが示された。収集されるデータはどんどん膨らんでおり、さらにエネルギーが13 TeVまで高まったことも相まって、超対称性に懐疑的な声もしだいに大きくなっている。この理論の成否は今後数年で明らかになるだろう。

時計仕掛けの理論（CLOCKWORK THEORY）

ヒッグスボソンが予測される質量よりも軽いことの帳尻合わせをする理論には、ほかに時計仕掛け理論というものがある。この理論では、ヒッグスボソンと重力のプランクエネルギースケールは直接関連づけられるのではなく、多数の仲介的な相互作用を介する必要がある。おかげで、ヒッグスボソンは標準モデルから予測される膨大な質量をもつ必要から解放される。

標準モデルの先へ行くために、私たちは余剰次元を用いた理論を受け入れる必要がある

ブロックなしで組み立てる

重力は他とはまったく違う力だ。アインシュタインの相対性理論では、重力は粒子が踊るダンスの舞台である時空に影響を及ぼす。この重力に対する理解は、幾度となく議論され検証されてきたものだ。他の3種類の自然界の力は、粒子が踊るダンスの型や振り付けを決定するが（右の図）、重力は粒子が踊るダンスの舞台そのものを曲げることによって影響を及ぼす（次ページの上の図）。

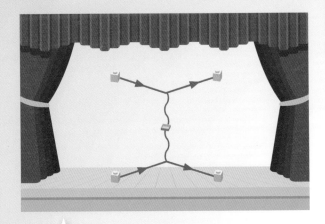

弦理論

超対称性理論は強い力、弱い力、電磁気力をまとめるが、そこに重力を入れるためには根本的に異なる何かが必要になる。そこで出てくるのが粒子のない粒子の理論、言い換えるとブロックのないブロックモデルで、これは弦理論と呼ばれる。

すべてのプラスチックブロックは同じ素材から作られており、色や形といった特徴は着色剤や金型によって作られるだけだ。このブロックと同様、弦理論の大本にある考え方は、私たちが観測している粒子はさらに基本的な要素からできているというものだ。この理論では、粒子は弦（ストリング）と呼ばれるものでできている。プラスチックブロックでは金型が異なることで異なる形のブロックが作られるが、弦理論では弦が異なる振動数で振動することで異なる粒子ができる。異なる金型がブロックに特徴を与えるように、異なる弦の振動が粒子としての特徴を与える。

自然界の電磁気力、強い力、弱い力は、個々の粒子がダンスを踊る上で守るべき型や振り付け一式を決定する。

私たちは4次元世界（空間の3次元と時間の1次元）に生きているが、弦はまったく違った世界に存在している。弦理論はもっと多くの空間次元（ときには複数の時間次元）で成立する。私たちはこれらの新しい次元を経験することはできない。なぜなら、この余剰次元は私たちを構成している電子やクォークよりも小さく、きつく巻かれているためだ。

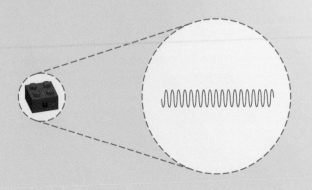

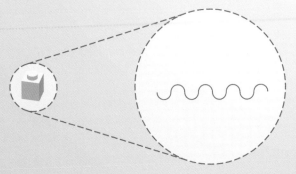

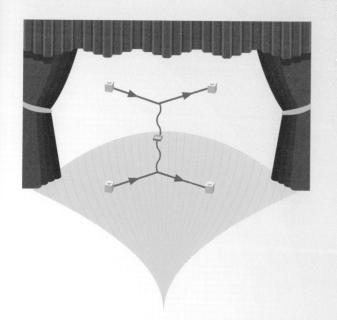

重力は他の力とは違い、粒子がダンスを
踊る舞台そのものを曲げることによって
影響を及ぼす。

マイクロブラックホール

大型ハドロン衝突型加速器 (LHC) が初めて稼
働したとき、ある可能性が取り沙汰され、大勢
の人々をパニックに陥れた。マイクロブラック
ホールが生成されると言われたのだ。非常にま
れな粒子相互作用が余剰次元の重力を介し、不
確定性原理により膨大なエネルギーを借りて、
ほんの一瞬の間、空間 (そして時間そのもの) に
裂け目をつくる——つまりブラックホールを
生成する可能性がある。そうして迎える急激で
暴力的な死からは、LHC の検出器で観測される
ものとは似ても似つかない風変りな粒子が大
量に吐き出されるだろう。

　重力とその他の力との間に、強さの面での大きな隔たりがあ
ることは、弦理論でうまく説明できる。強い力、弱い力、電磁気
力は、私たちになじみのある4次元で交換されるが、重力はすべ
ての空間次元で交換される。その結果、重力の影響はうすく引き
伸ばされ、私たちの4次元では重力は思ったよりも弱く見えると
いうわけだ。

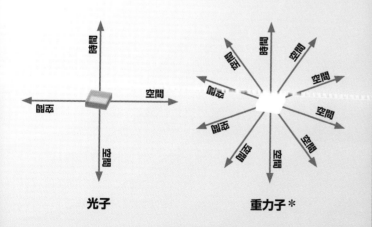

光子　　　　　　　　重力子＊

＊重力子は実験的に観測されておらず、仮説にとどまる。

次なる大きな一歩

20世紀初頭の数学者や物理学者は、無数の猿が果てしない時間をかけてランダムにタイプライターのキーを叩けば、いつかはシェイクスピアの全作品を再現できると言った。しかし、自然界の力から課されるわずか4種類の控えめな力と限られた基本ブロック、そして138億年という時間で、無数の猿と同様のランダムな事象として、シェイクスピアその人が生み出された。

十分な数のプラスチックブロックと、本書で説明したルール、そして十分に長い時間があれば、猿界の頂点に君臨する私たちはブロックを一つひとつ積み上げ、この宇宙のプラスチックバージョンをつくり出せるのでは、と思うかもしれない。しかしそんなことは決してできない。自然界の力は、この小さな緑の惑星で生命が進化するのにちょうどいい具合に調整されている。もし、構成要素の大きさ、質量、電荷のうちどれか一つでも今と違っていたら、私たちは存在しなかったはずなのだ。

科学とは、自然界を記述する数学の正確さをたえまなく向上させていくプロセスである。水星の奇妙な運動は、アイザック・ニュートンが提唱した低エネルギーにおける重力理論では説明できなかった。理論が完成するまでもなく、それに欠陥があることは明らかだったのだ。ニュートンはまた、どのように惑星が運動するのかを説明できる一方で、なぜ重力が惑星を動かすのかを説明できないことに気を揉んだ。他の分野では、200年間続いていた進歩がアルバート・アインシュタインによって頂点を迎える。アインシュタインは、ニュートンの理論の欠陥をまったく新しい一般相対性理論によって説明したのだ。ニュートンの理論はどのように運動するかを説明したが、なぜ惑星は重力を感じるのかというニュートンを悩ませた問いに答えを出したのは一般相対性理論だった――惑星は湾曲した時空を進むのだ。

標準モデルによって、私たちは低エネルギーにおける宇宙についてすばらしい説明を手にした。その一方で、標準モデルが破綻するケースについて研究が続けられている。そこから、まだ見ぬ物理が隠しているものについてヒントが得られるからだ。一度、欠陥が見つかってしまえば、「なぜ」という問いへの探索という未来をスタートできる。なぜ力には強さがあるのか、なぜ粒子は質量をもつのか、そもそも粒子に満ちた宇宙はどこから始まったのか――。

現在のところ、私たちにできるのは「なぜ」の答えになり得るものを理論にすることだけだ。一つの理論は、それぞれの特性がふさわしく細やかに調整された宇宙に私たちは生きているというものだろう。他の理論では、粒子が起こす相互作用のすべてで宇宙は無数に枝分かれし、そしてその一つの宇宙、知的生命体を生み出すのに適切な条件を備えた宇宙で私たちは生き残っているのだという。

理由はどうであれ、宇宙がなぜ今あるようにふるまうのか、その理由を理解する最前線に私たちは立っている。標準モデルのブロックから先に向かって、そして新しいことに向かって、未知の暗闇を明るく照らす実験とともに進む時になったのだ。

索引 Index

174

用語集 Glossary

K中間子
1個のストレンジクォークを含む中間子のこと。

QCD
強い力を説明する量子色力学のこと。この力はグルーオンによって運ばれる。

QED
量子電磁力学、電磁気学的な量子理論のこと。この力は光子によって運ばれる。

WIMP
暗黒物質の候補である、弱い相互作用をする質量をもつ物質のこと。

Wボソン
弱い力を交換する粒子のこと。粒子の種類が変換される原因となる。

Zボソン
弱い力を交換する粒子のこと。本質的には質量をもつ光子である。

アイソスピン
ハドロンにおけるアップクォーク、ダウンクォーク、反アップクォーク、反ダウンクォークの個数にもとづいた強い力の対称性に関係するもの。

アルファ放射
原子核からヘリウム4が放射されること。

エキゾチック粒子
3個のクォークからなる陽子や中性子とは違い、4個以上のクォークからできている粒子のこと。

核子
陽子と中性子のこと。

キラリティー（対掌性）
鏡像関係にある二つの粒子が重ね合わせられないという性質のこと。粒子には右手系と左手系というキラリティーがある。

クォーク
陽子や中性子をはじめ、すべてのハドロンを構成する粒子のこと。

グルーオン
強い力を交換するボース粒子のこと。

原子
化学元素を構成する単位。さらに小さな基本的な粒子がたくさん集まってできている。

原子核
原子の質量のほとんどすべてが存在している、中心部の領域のこと。

色荷
強い力の3次元の荷（チャージ）を、光の三原色にたとえて表わしたもの。

弱アイソスピン
弱い力で等しく扱われる粒子のペアの対称性のこと。

ストレンジネス
バリオンあるいは中間子において、反ストレンジクォークの個数の合計から、ストレンジクォークの個数の合計を引いたもの。

スピン
コマが回転する様子にたとえられる粒子の内部特性のこと。

制動放射
原子の近くを粒子が通り過ぎる場合、粒子の経路が変えられるときに放射される光のこと。

中間子
1個のクォークと1個の反クォークからなる粒子のこと。

超対称性
フェルミ粒子とボース粒子の間の対称性で、それぞれのフェルミ粒子はボース粒子の超対称性パートナー粒子をもち、それぞれのボース粒子はフェルミ粒子の超対称性パートナーをもつ。

対消滅
粒子と反粒子が出合ったとき、互いに消滅し合ってボース粒子を生じること。

強い力
クォークをハドロン粒子にまとめあげる力のこと。この力は原子核内で陽子と中性子をまとめてもいる。

テトラクォーク
2個のクォークと2個の反クォークからつくられる、エキゾチック粒子のこと。

電磁気力
電気と磁気の力をひとまとめにした力のこと。

電弱力
電磁気力と弱い相互作用の力をまとめた力のこと。

ニュートリノ
荷電レプトンの弱い力に対するパートナー粒子で、電荷をもたないために弱い力にのみ相互作用するもの。

パイ中間子
原子核内の陽子と中性子の間で強い力を交換する最も軽い中間子のこと。

ハイペロン
陽子や中性子よりも大きな質量をもった、3個のクォークからなる粒子のこと。

ハドロン
クォークや反クォークからつくられたあらゆる粒子のこと。

バリオン
3個のクォークでつくられた複合粒子のこと。3個の反クォークでできたものは反バリオン。

反物質
物質を鏡で反転させたように、力に関する荷（チャージ）がすべて反転しているもの。

ヒッグスボソン
すべての質量をもつ粒子に質量を与えるヒッグス場に関係する粒子のこと。

フェルミ粒子（フェルミオン）
物質を構成する粒子で、大きくクォークとレプトンに分けられる。

ベータ崩壊
原子核内の1個の中性子が1個の陽子へと崩壊するとき、1個の電子と1個の反電子ニュートリノを放出すること。

ペンタクォーク
4個のクォークと1個の反クォークからなるエキゾチック粒子のこと。

ボース粒子（ボソン）
物質を構成するのではなく、粒子の間で力を交換するはたらきをする粒子。

粒子
1個の基本的な（それ以上分割できない）粒子か、複数の基本的な粒子からなるあらゆる小さな物体に付けられた名称。

粒子加速器
粒子の速度、つまりエネルギーを高めるために電場を用いた装置のこと。

弱い力
アップタイプのクォークとダウンタイプのクォーク、あるいは電荷をもつレプトン（たとえば電子）とニュートリノの変換を担う力。

レプトン
電荷をもつ粒子（電子、ミュー粒子、タウ粒子）と、電気的に中性な各種ニュートリノの総称。

謝辞

　本書のアイデアは、2010年にロンドン大学クイーンメアリー校のシニアコモンルーム（教員の談話室）でコーヒーを飲んでいるときに湧いてきて以来、ずっと頭から離れなかった。生まれたばかりのアイデアに惜しみない支援を与えてくれたブライオニー・フォレストと、コーヒー片手にプラスチックのブロックというアナロジーに磨きをかけてくれた同僚たちに感謝を申し上げたい。

　トレバー・デイビースの熱意がなかったら、この本は今も私の頭の中でくすぶっていただろう。この企画を信じ、投資してくれてありがとう。すばらしいデザインに仕上げてくれたジャズの率いるデザインチーム、そして万事を取り仕切って円滑に進めてくれたサラ・グリーンに感謝する。

　私が徹夜や休日返上で働いてもなんとかやってこられたのは、妻エミリーが私の心身の健康を保ってくれていたからだ。必要な時にサポートや気晴らしを与えてくれたことに感謝している。ありがとう。最後は両親のサイモンとジュリーに。幼い私を導き、物理学と他のあらゆることへの興味と情熱を育ててくれた二人に、最大の感謝を捧げたい。

ISBN 978-4-8269-0218-2

ブロックで学ぶ 素粒子の世界

2020年9月 4 日　　第1版 第1刷発行
2023年5月16日　　第1版 第2刷発行

著　者　　ベン・スティル
訳　者　　藤田 貢崇
発行者　　中村 幸慈
発行所　　株式会社 白揚社　©2020 in Japan by Hakuyosha
　　　　　〒101-0062　東京都千代田区神田駿河台1-7
　　　　　電話03-5281-9772　　振替00130-1-25400

装幀・組版　　尾﨑 文彦（株式会社トンプウ）
印刷・製本　　中央精版印刷株式会社

翻訳協力

相場竣介・青木巴希・浅沼 卓・石井友哉・石塚克己・
井上 連・今泉 健・鵜澤 駿・内田優花・内冨椋介・
生沼竜也・太田優樹・大竹七千夏・小澤朋実・
小澤理佳・小野日向・加藤 遼・北風優佳・北原亮佑・
上妻俊平・小林 稜・後藤潤乃介・齋藤唯央・酒本竜矢・
佐々木貴章・佐藤勇進・三部雄太・柴崎啓介・髙木 力・
高橋優太・武本 陸・田中海斗・長澤慎太郎・中村優輝・
西田昂太・丹羽修香・納富 廉・原口敬吾・松本大志・
三堀敦矢・山岸 陸・山口陽向・横須賀匠・涌井 陸・
渡邊 航・渡邉貴徳

本書は「法政大学2020年度出版助成金」の
助成を受けた。